DR. MICHAEL LOHMANN

Das **1x1** der
Vogelfütterung

**Futter und Futterstellen
für das ganze Jahr**

**Die wichtigsten
Vogelarten**

Was uns von Vögeln trennt und was uns verbindet ———— 7

Ein Spatz ist kein Tiger 7
Fern und nah zugleich 7
Drei Möglichkeiten, Vögeln näherzukommen 8

Sinn und Zweck der Vogelfütterung ———— 9

Vögel haben die Wahl 10
Schmuck im Ökosystem 11
Gefühle, die uns verbinden 12
Verantwortung 13
Kein Ersatz für Biotopschutz 13

Was hat es mit der ganzjährigen Fütterung auf sich? ———— 14

Argumente und Gegenargumente 15
Was die Naturschutzverbände sagen 17
Artgerechte Fütterung 19
Der Futterplatz im Jahreslauf 20

Beschaffung und Zubereitung von Vogelfutter ———— 22

Körner und Nüsse 23
Keine Rose ohne Dornen 24
Die Beschaffung von Körnerfutter 25
Körner-Fett-Mischungen 25
Weichfutter 26

Fütterung spezieller Vogelgruppen ———— 29

Wasservögel 29
Vögel der Feldfluren 30

Ungeeignetes Futter ———— 33

Kasten: Was Sie Vögeln nicht füttern sollten 33

Gefahren an Futterstellen ———— 34

Konkurrenten und Feinde 35
Krankheiten 35
Fensterscheiben 36

Futterstellen und Futtergeräte ———— 37

Holz-Futtersilo zum Selbermachen 38
Bau eines Holzfutterhäuschens mit Kunststoff-Futtersilo 39
Kunststoff-Silos und Meisenknödel 41
Bodenfütterung 43

Vogeltränken und Sandbäder ———— 44

Der vogelfreundliche Garten ———— 45

Kasten: Pflanzen, deren Samen als Vogelfutter besonders geeignet sind 46

Artenteil ———— 50–91

Erklärungen zum Artenteil 48
(Arten siehe rechte Seite)

Anhang ———— 92

Wichtigste Futtersorten für die einzelnen Arten 92
Literatur 93
Bezugsquellen 93
Stichwortverzeichnis 93

Artenteil

Vögel in Gärten
Türkentaube   50
Buntspecht   51
Bachstelze   52
Seidenschwanz   53
Zaunkönig   54
Rotkehlchen   55
Hausrotschwanz   56
Amsel   57
Wacholderdrossel   58
Singdrossel   59
Mönchsgrasmücke   60
Schwanzmeise   61
Sumpfmeise   62
Haubenmeise   63
Tannenmeise   64
Blaumeise   65
Kohlmeise   66
Kleiber   67
Gartenbaumläufer   68
Star   69
Haussperling   70
Feldsperling   71
Buchfink   72
Bergfink   73
Grünfink   74
Stieglitz   75
Erlenzeisig   76
Bluthänfling   77

Birkenzeisig   78
Gimpel   79
Kernbeißer   80
Goldammer   81

Vögel der Feldflur
Mäusebussard   82
Turmfalke   83
Fasan   84

Ringeltaube   85
Schleiereule   86

Vögel an Gewässern
Höckerschwan   87
Kanadagans   88
Stockente   89
Blesshuhn   90
Lachmöwe   91

Was uns von Vögeln trennt und was uns verbindet

Was immer man für oder gegen die Vogelfütterung vorzubringen hat, eins ist gewiss: **Futterplätze bieten eine wunderbare Möglichkeit, Vögel aus nächster Nähe zu beobachten.** Wer überhaupt einen Sinn für Naturbeobachtung, für Wildtiere und ihr Verhalten hat, der wird in unseren mitteleuropäischen Landschaften früher oder später die Welt der Vögel entdecken. Und das Futterhaus ist eine ausgezeichnete »Anlaufstelle« für die Federtiere.

Ein Spatz ist kein Tiger

Dass Vögel im Wertesystem der meisten Menschen erst weit hinter Elefanten, Löwen, Nashörnern, Hirschen und Rehen rangieren, hat mit den **Größenunterschieden** in zweifacher Weise zu tun. Zum einen laufen einem beim Anblick eines Rotkehlchens keine vergleichbaren

Nordeuropäische Bergfinken fallen in manchen Wintern in großen Schwärmen ein; hier mit Grünfink und Feldsperling am Futterplatz.

Schauder der Ehrfurcht, der Angst oder des verwandtschaftlichen Erkennens über den Rücken, wie bei Wal, Tiger oder Bruder Bonobo. Selbst ein Adler oder Albatros vermag solche Urgefühle nicht zu mobilisieren.

Der andere Nachteil: **Die meisten Vögel sind so klein, man sieht sie schlecht.** Oft nur als »Ungeziefer der Bäume«, wie Bert Brecht die hübschen Sänger respekt- und offenbar kenntnislos einmal bezeichnet hat. Tatsächlich kann es frustrierend sein, wenn man in einem Wald oder Gebüsch einen Vogel (dessen Gesang unser Herz bewegt) zu entdecken versucht. Und selbst wenn man ihn schließlich mit verrenktem Hals ausfindig gemacht hat, sieht man doch meistens nicht mehr als eine flüchtige Silhouette, ein unscheinbares Federknäuel im Geäst. Da hilft oft auch ein Fernglas nicht, uns den Musikanten näher zu bringen, da die flinken Tiere im Laubgewirr schwer zu finden und meist schon wieder anderswo sind, bevor man sie im Blickfeld des Glases hat.

Fern und nah zugleich

Vögel sind uns nicht nur durch ihre Flugkünste, durch ihr Leben in Luft und Geäst fern. **Sie sind auch keine Kuscheltiere** mit weichem Fell wie Hund, Katze und Häschen. Ja nicht einmal mit dem putzigen Igel können sie emotional konkurrieren. Ihre Federn sind einfach störrischer, »unliebsamer« als Haare. Und Schnäbel erinnern im Vergleich zu Schnauzen, Mäulern und Mündern (selbst wenn sich dahinter scharfe Zähne verbergen) erschreckend an Waffen. Dazu diese wie tot wirkenden, mit Krallen bewehrten Beine und Füße. (Nebenbei: Was bei Vögeln wie ein Unterschenkel aussieht, ist anatomisch ein Teil des Fußes, was man schon daran erkennt, dass das »Knie« nicht nach vorne sondern nach hinten abknickt, also kein Knie sondern eine Ferse darstellt.) Mit anderen Worten: Auch ohne Kenntnis der stammesgeschichtlichen Zusammenhänge - wonach Vögel direkte Nachfahren der Saurier sind - erleben wir die Gefiederten gefühlsmäßig als fremd.

Andererseits gehören Vögel neben den Säugetieren zu den am höchsten entwickelten Tieren. Eigenständig haben auch sie die konstante Körperwärme »erfunden« und damit die Voraussetzung für ein **hoch entwickeltes »Geistes- und Seelenleben«.** Hinzu kommt, dass Farben und Muster ihrer Federkleider ebenso wie Tonumfang und Dynamik ihrer Gesänge unseren ästhetischen Ansprüchen mehr entgegenkommen als die jeder anderen Tiergruppe. Auch erkennen wir in ihrem Verhalten – man denke an die Beschreibungen von Graugänsen oder Dohlen des großen Verhaltensforschers Konrad Lorenz – »menschliche«, das heißt hoch entwickelte soziale Züge. Und schließlich sind die meisten Vögel tagaktiv und ausgesprochene Augentiere – wie wir.

In gewisser Weise ähnelt unsere Beziehung zu Vögeln der zu Delphinen und Walen. Auch diese leben in einer für uns fremden Welt, auch diese wirken durch ihre Fischform und Haarlosigkeit zunächst wenig anziehend. Und doch erleben wir in ihrem Sozialverhalten, in ihrem Spielen (auch mit Menschen), in ihren differenzierten Lautäußerungen etwas sehr Verbindendes. Wir erkennen in ihnen – etwas pathetisch gesagt – nicht nur »Bruder Tier« im Allgemeinen, sondern einen Bruder (oder eine Schwester) im »Geiste« oder besser: im Seelischen. Wer Vögel und ihr Verhalten ausgiebig beobachtet, wird – bei aller Fremdartigkeit – bald viel Verwandtschaftliches finden.

Drei Möglichkeiten, Vögeln näherzukommen

Doch um dies zu entdecken, müssen wir erst einmal Mittel und Wege finden, die Kluft der Scheu, der luftigen Lebensweise, der Kleinheit zu überwinden. Drei Möglichkeiten gibt es, Vögeln so nahe zu kommen, dass sie uns plötzlich ihr Wesen offenbaren, uns erkennen lassen, dass sie viel mehr zu bieten haben als anonyme Soundtracks für romantische Stunden.

Möglichkeit 1 besteht darin, **Vögel zu fangen,** in Käfige zu sperren oder sie zu zähmen, ihnen die Scheu vor uns zu nehmen. Das sollten wir – sofern wir es nicht grundsätzlich ablehnen – im Allgemeinen den Fachleuten und Zoos überlassen. Die Naturschutzgesetze verbieten ohnehin den Fang und die Haltung von Wildvögeln. Immerhin kann die Haltung von bereits in Gefangenschaft erbrüteten Papageien, Beos, Kanarienvögeln oder Prachtfinken aber durchaus lehrreich und unterhaltsam sein. Auch die Aufzucht eines aus dem Nest gefallenen Vogels verspricht – bei aller Mühe – wunderbare Erlebnisse. Besonders die sozial hoch entwickelten Krähenvögel (Dohlen, Krähen, Elstern, Eichelhäher) schließen sich ihren Pflegeeltern eng an; und es gehört zu den anrührendsten Erlebnissen, wenn so ein frei fliegender Vogel aus seiner Welt des Luftraums und der Wipfel aus freien Stücken zu uns zurückkehrt und vertrauensvoll auf unserer Schulter Platz nimmt. Kein Vergleich zum Hund an der Leine.

Die zweite Möglichkeit besteht darin, Vögel mit einem guten **Fernglas** in ihrer natürlichen Umgebung zu beobachten. Das funktioniert aber, wie gesagt, im Geäst der Bäume und Sträucher nur sehr unvollkommen. Darum konzentrieren sich viele Vogelbeobachter auf Vögel der

Wirklich zahm werden nur Vögel, die von klein auf Menschen gewohnt sind. Hier ein Grünfink an Grünzeug.

Eine andere Möglichkeit, Vögeln »näherzukommen«: Das Fernglas als unentbehrliches Werkzeug jedes Vogelbeobachters.

Gewässer, der Ufer, der offenen Flächen, wo man mit ausgefeilter Optik auch noch auf mehrere hundert Meter Entfernung fast jede Feder zählen und die interessantesten Verhaltensstudien machen kann.

Eine dritte Möglichkeit, die natürlichen Distanzen zwischen Mensch und Vogel zu überbrücken, besteht im uralten Jägertrick des **Anfütterns** - und damit kommen wir endlich zum eigentlichen Thema dieses Buches.

Fütterungen bringen uns die Vögel näher – räumlich und emotional.

Sinn und Zweck der Vogelfütterung

Man hat manchmal den Eindruck, als würden heutzutage (oder hierzulande?) die einfachsten Dinge in unnötiger Weise problematisiert. Auch das Füttern von Wildtieren gehört dazu. In mancher Hinsicht sicher zu Recht, denn die **Fütterung von Rehen,** Hirschen und Wild-

schweinen aus jagdsportlichen Gründen führt de facto zu einer gewissen »Verhaustierung« und zu ökologisch problematischen Überbeständen, die den Wäldern schaden. Hier werden in der Tat nötige Regulationen (Selektion schwacher und kranker Tiere durch die Härten des

Winters, Abbau zu hoher Populationsdichten durch Beutegreifer oder angemessene Bejagung) vernachlässigt, und das Ökosystem als Ganzes wird damit geschädigt.

Zur Fütterung der Vögel wurden in den letzten Jahren und Jahr-

Viele Vogelarten haben sich an die Bedingungen der zivilisierten Welt gewöhnt; hier eine Graugansfamilie.

zehnten immer wieder recht unterschiedliche Positionen vertreten. Und viele Menschen haben sich dadurch verunsichern lassen. **Sollen wir überhaupt füttern? Wenn ja, wann und wie?** Hinter solchen Fragen stehen einerseits durchaus bedenkenswerte Zusammenhänge. Andererseits drückt sich darin aber auch eine vielleicht typisch deutsche Ängstlichkeit aus, etwas nicht richtig, nicht vorschriftsmäßig zu machen. Dabei sollte jeder durch Beobachtung wissen, dass die Natur in ihrer Vielfalt nicht danach fragt, ob zu einem bestimmten Zeitpunkt dieses oder jenes Vogelfutter »erlaubt« ist, ob das Wasser in der Tränke jeden Tag oder nur jede Woche erneuert werden muss, ob der Eingang zu einer Bruthöhle 26 oder 27 mm Durchmesser haben soll.

Vögel haben die Wahl

Viele Vogelarten haben in unterschiedlicher Weise gelernt, mit einer teilweise sehr veränderten und sich ständig weiter verändernden Welt, mit der Welt des Menschen zurechtzukommen. Sie haben gelernt, diese Welt mit ihren vielen Möglichkeiten zu nutzen: als Nahrungsquelle, als Nistplatz, als Versteck. Die Menschen haben beim Bau von Häusern, Fabriken, Straßen, Stauseen, bei der Rodung von Wäldern für Wiesen und Felder so gut wie nie darüber nachgedacht, ob und für welche wild lebenden Tiere und Pflanzen diese oder jene Maßnahme förderlich oder verhängnisvoll sein könnte. **Die Arten selbst haben »entschieden«** und »entscheiden« jeden Tag neu, ob und welche der vom Menschen geschaffenen Möglichkeiten sie nutzen können und welche nicht.

Fütterungen sind Angebote. Ob und wer davon Gebrauch macht, entzieht sich unserem Einfluss.

Dass nur bestimmte Vogelarten mehr oder weniger zu Kulturfolgern werden, daran lässt sich auch mit noch so raffinierten Hilfen im Garten und auch mit Fütterungen nicht viel ändern. An Fütterungen im Garten kommen zwar erheblich mehr Arten als solche, die dort auch brüten. **Trotzdem erreichen wir damit selten mehr als 10–20 % der in einer Region lebenden oder durchziehenden Arten.** (Manche Autoren rechnen sogar mit weniger als 10 % allein der heimischen Arten, die durch Fütterung gefördert werden können. Allerdings wird einer solchen Rechnung einerseits die Gesamtzahl aller in Mitteleuropa brütenden 250 Arten und andererseits die eher knapp bemessene Zahl von nur 20 Vogelarten am Futterplatz zugrunde gelegt. Es gibt aber nur wenige Regionen, in denen mehr als 100 Arten brüten.) Nicht viel anders verhält es sich mit Spezialfütterungen, etwa an sogenannten Luderplätzen für Greifvögel oder an Körnerschüttungen für Wasservögel oder Feldhühner. Wir kommen darauf zurück.

Wer sich mit der Frage des Fütterns von wild lebenden Tieren beschäftigt, sollte stets beide Aspekte im Auge behalten: den **ökologisch-wissenschaftlichen** und den der **Beziehung zwischen Mensch und Natur.** Sie berühren und überlappen sich teilweise, können aber auch zu gegensätzlichen Schlussfolgerungen führen.

Schmuck im Ökosystem

Durch die ökologische Brille betrachtet, muss man sagen: Das Leben auf unserem Planeten, das Funktionieren der großen Stoffkreisläufe, hängt im Wesentlichen von der unvorstellbaren Vielfalt und Masse winzigster Organismen ab: von kleinen im Wasser schwebenden Algen, von Bakterien und tierischen Einzellern. Auf dem Festland ist es das grüne Kleid der höheren Pflanzen und sind es wieder die für das Recycling der organischen Abfälle zuständigen Mikroorganismen des Bodens (Bakterien, Pilze und vielerlei Kleintiere), die unsere **Biosphäre** ausmachen und in Gang halten.

Man wagt es kaum zu sagen, aber ökologisch betrachtet sind alle höheren Tiere einschließlich des Menschen nicht viel mehr als **bunter Schmuck am grünen Baum des Lebens.** Insofern ist schwer zu sagen, welche Auswirkungen die vom Menschen verursachten Veränderungen der

Überall finden Vögel nahrhafte Abfälle und nehmen sich davon, was ihnen geeignet erscheint.

Tierwelt auf das ökologische Gesamtsystem haben. Mit einiger Sicherheit kann man wohl feststellen, dass die Vergiftung und Übernutzung der Meere, Binnengewässer und Böden, also die Schädigung des genannten Mikrokosmos, unsere Lebensgrundlagen weitaus mehr gefährden als die Verschiebungen im Artenspektrum der Vogelwelt oder anderer höherer Tiere. Unter diesem Aspekt ist es weitgehend irrelevant, ob, wie und wann wir Vögel füttern.

Zum besonderen Erlebnis wird die Vertrautheit von Vögeln, die mit Menschen nur gute Erfahrungen gemacht haben.

Man sollte die ökologischen Auswirkungen der Vogelfütterung nicht überbewerten – weder positiv noch negativ.

Gefühle, die uns verbinden

Aber da ist ja noch dieser andere Aspekt einer nicht nur aufs physische Überleben in einer gerade noch funktionierenden Umwelt abzielenden **Beziehung zwischen Mensch und Natur.** Hier spielen - im Gegensatz zur Ökologie - gerade die höher entwickelten Pflanzen und Tiere eine entscheidende Rolle. Zwar unterscheiden wir zwischen

nützlichen und schädlichen, zwischen sympathischen und widerwärtigen Tieren und Pflanzen, aber in jedem Fall entwickeln wir gegenüber Vögeln und anderen höheren Tieren **starke Gefühle** - Gefühle, die wir gegenüber Mikroplankton und Bakterien kaum aufbringen.

Das Füttern von Wildtieren ist ganz allgemein immer ein **Anfüttern, eine Methode des Anlockens.** Heute glücklicherweise zunehmend nicht mehr mit dem Ziel, Beute zu machen, sondern um sich an der bunten Vielfalt der Arten und ihrem lebhaften Treiben zu erfreuen. Wenn wir Kohlmeisen, Rotkehlchen und Konsorten Futter anbieten, so

tun wir es, weil wir sie lieben, uns an ihnen erfreuen – also letztlich aus egoistischen Gründen. Allerdings ist diese Art von menschlichem **Egoismus** ausnahmsweise einmal nicht nur unschädlich, sondern liebenswert.

Und mehr als das: Indem wir Vögeln (oder anderen Mitgeschöpfen) äußerlich und innerlich näherkommen, legen wir den Grundstein für eine **beschützende Einstellung zur Natur,** die in der Geschichte der Menschheitsentwicklung etwas ganz Neues ist. Über Jahrtausende hat der Mensch die Natur gefürchtet, verehrt und immer ausgebeutet. Heute beschränkt sich die Furcht auf Tsunamis, Vulkanausbrüche, Überschwemmungen und Waldbrände. Mit der Verehrung der Natur ist es nicht mehr weit her. Ihre Ausbeutung hat dafür unvorstellbare Ausmaße angenommen. Den Schutz der Natur müssen wir erst mühsam lernen.

Das Füttern von Vögeln ist nützlicher Egoismus.

Verantwortung

Eine **Verpflichtung zum Zufüttern,** wie manche Verfechter der ganzjährigen Vogelfütterung meinen, kann ich nicht erkennen. Wohl aber eine Verpflichtung, verantwortungsbewusst zu handeln, wie bei jedem Umgang mit Lebewesen. Diese Verantwortung schließt eine **Kenntnis der Gewohnheiten und Bedürfnisse** jener ein, in deren Leben man eingreift – sei es positiv oder negativ. Wer Vögel füttert, sei es um sie anzulocken, sei es um ihnen die Nahrungssuche etwas zu erleichtern, auch der greift in ihr Leben ein. Darum muss er sich mit ihren Gewohnheiten und Bedürfnissen vertraut machen. Die Frage, welches Futter für

welche Vogelarten geeignet oder nicht geeignet ist, steht dabei im Vordergrund. Die Frage nach der »geeigneten« Jahreszeit erscheint dem gegenüber zweitrangig.

Wer Vögel füttert, muss sich mit ihren Gewohnheiten und Bedürfnissen vertraut machen.

Wer ganzjährig füttern möchte, um die Zahl der in seiner Umgebung lebenden Vögel zu erhöhen, übernimmt eine hohe **Verantwortung hinsichtlich der Zuverlässigkeit des Nahrungsangebotes.** Denn die Siedlungsdichte der meisten Vogelarten hängt vom Nahrungsangebot ab. Wer also bis zum Beginn der Brutzeit füttert, sorgt damit im Zweifelsfall für eine höhere Siedlungsdichte der Brutpaare. Wenn dann während der Brutzeit die Fütterung abgebrochen oder auch nur vorübergehend eingestellt wird, kann es zu Engpässen kommen, auch wenn das Futter nur den Altvögeln als Zusatznahrung dient. Denn mit Eiern oder Jungen im Nest können sie ja nicht das plötzlich unterversorgte Gebiet verlassen, um sich anderswo Nahrung zu suchen.

Wer ganzjährig füttert, sollte es auch lückenlos tun.

Kein Ersatz für Biotopschutz

Wer sich grundsätzliche Gedanken zum Vogelschutz macht, wird bald feststellen, dass weder Fütterungen noch Nistkästen die Misere des Artenschwundes lösen, den Trend zur Verarmung unserer natürlichen Umwelt umkehren können. Da hilft nur besserer Naturschutz in der Fläche, die **Wiederherstellung von Lebensräumen,** mehr Wildnis und weniger Nutzung. Wo Fütterungen und Nistkästen zum Ersatz unseres Engagements für bessere Lebensbedingungen unserer gesamten Wildfauna und Wildflora werden, wird die Sache bedenklich.

Im Abschnitt »Der vogelfreundliche Garten« möchte ich zeigen, **dass jeder Gartenbesitzer zur allgemeinen Lebensraumverbesserung beitragen kann.** Außerdem sollte man sich auch über andere Möglichkeiten Gedanken machen, wie man einen Beitrag zum Schutz der Natur leisten kann. Das reicht vom Kauf kleinerer oder größerer

Wer Vögel liebt und fördern möchte, sollte sich nicht nur aufs Füttern beschränken, sondern möglichst auch etwas für ihren Lebensraum tun – durch vogelfreundliche Gartengestaltung.

Grundstücke, die man dann der Natur überlässt, bis hin zur Mitgliedschaft in einem Naturschutzverein. Darüber hinaus gilt es immer aufs Neue, das eigene Verhalten auf den ökologischen Prüfstand zu stellen. Das betrifft vor allem unseren Umgang mit Natur, sollte sich aber auch auf den Gebrauch von Chemikalien im Haushalt, auf unsere Mobilität u. a. erstrecken.

Engagieren Sie sich im Naturschutz!

Was hat es mit der ganzjährigen Fütterung auf sich?

Nachdem wir nun die Frage nach der Vogelfütterung im Allgemeinen geklärt hätten (mit dem Ergebnis eines klaren Ja: nicht um Vögel zu päppeln, sondern um unser Verhältnis zur Natur zu verbessern), bliebe noch die Frage nach Art und Umfang der Vogelfütterung, nach dem Wann, Wie und Wo.

Während viele deutsche Naturschützer und ihre Verbände bis vor Kurzem dazu neigten, dem breiten Publikum zu empfehlen, Fütterungen auf das Notwendigste, das heißt auf den Winter zu beschränken, haben sie neuerdings eine halbe Wendung vollzogen. Genauer gesagt, nach Erscheinen eines Büchleins mit

dem Titel »Vögel füttern – aber richtig« im Jahr 2006. In dieser Schrift geht der ehemalige Leiter der Vogelwarte Radolfzell, Professor Peter Berthold, mit seiner Frau Gabriele Mohr in bemerkenswert »offener« Weise mit den Befürwortern eines Nur-im-Notfall-Fütterns ins Gericht:

»Über kaum ein Gebiet ist so viel Unwahres, Unsinniges, Unglaubliches und Unhaltbares geschrieben worden wie über die Fütterung frei lebender Vögel. Und Unsachliches wird auch fleißig weiter geschrieben – alle Jahre wieder, und v. a. im deutschsprachigen Raum – ungeachtet aller wissenschaftlichen Fortschritte in diesem Bereich. In einem Wust von unausgegorenen und strittigen Darstellungen sind auch in jüngster Gegenwart wohltuend klare und v. a. objektive populäre Darstellungen bei uns eher eine Rarität.«

Berthold und Mohr beziehen sich in ihrem Plädoyer für eine möglichst ganzjährige Fütterung vor allem auf jahrelange Versuche in Großbritannien und an der Vogelwarte Radolfzell/Bodensee, die gezeigt haben, dass die Bedenken gegen eine über den Winter hinausgehende Fütterung unbegründet sind. Im Gegenteil, schreiben sie: **Es sprechen viele Gründe für eine ganzjährige Fütterung.** Schauen wir uns dazu die Argumente und Gegenargumente an, Beiträge zu einer Diskussion, die auch hierzulande unerwartete Wellen schlägt.

Argumente und Gegenargumente

Insbesondere von Naturschutzverbänden, aber auch von Kommunen wurden und werden Einwände gegen das Füttern im Allgemeinen oder gegen ganzjähriges Füttern erhoben. Einwände, die vielfach genauer Prüfung nicht standhalten oder sich als verallgemeinerte Spezialfälle erweisen:

- *Nicht Nahrungsmangel, sondern Lebensraumverluste seien die Ursache für den Rückgang von Vogelarten und -populationen.* – Teilweise richtig, aber: Eines der wichtigsten Kriterien eines Lebensraums ist eben sein Nahrungsangebot. Insekten und ihre Larven sind Grundnahrung unserer Sommervögel und weitgehend unersetzbares Aufzuchtfutter für nahezu sämtliche Kleinvogelarten. Die dramatischen Verluste an Insekten in unseren Landschaften – bedingt nicht nur durch die Intensivnutzung von Feldern und Wiesen, sondern auch durch vielfach völlig überzogene Pflegemaßnahmen an Verkehrswegen, in Grünanlagen und selbst auf Natur-

schutzflächen –, diese Verluste können wir zwar durch noch so aufwendiges Zufüttern nicht ausgleichen. **Aber spricht das etwa gegen die Zufütterung?**

- *Gartenfütterungen und Nistkästen würden nur die ohnehin häufigen Kulturfolger und damit mögliche Nahrungskonkurrenten seltenerer Arten fördern.* – Richtig, was die Förderung ohnehin häufiger Kulturfolger anlangt. Fragwürdig im Hinblick auf die Nahrungs-

Vogelfütterung sollte immer auch von anderen Hilfsmaßnahmen begleitet werden. Dazu gehören auch Nisthilfen.

konkurrenz: Verschiedene Arten unterscheiden sich vor allem durch ihre angeborene Nutzung verschiedener Nahrungsquellen und Lebensraumstrukturen (»ökologischer Nischen«). Dadurch wird zwischenartliche Konkurrenz minimiert. Außerdem verringern zusätzliche Nahrungs- und Brutplatz-Angebote zunächst einmal jegliche, also auch die zwischenartliche Konkurrenz. Beispiele für die Entstehung von »Überpopulationen« durch Hilfsmaßnahmen gibt es allenfalls vereinzelt (z. B. beim Star). **Wirkliche Verdrängung durch Konkurrenz zwischen gefütterten und ungefütterten Arten konnte meines Wissens bisher nicht nachgewiesen werden.**

● *Ganzjährige Fütterungen würden Vogeleltern dazu verführen, ihre Jungen mit ungeeigneter Nahrung aufzuziehen.* – Teilweise richtig, aber: In der Literatur geistert eine Kohlmeise herum, die angeblich ihre Jungen mit Haferflocken statt mit Raupen gefüttert habe, was zum frühen Tod derselben geführt hätte. Statistisch relevant treten solche Fälle nicht auf. Vielmehr gibt es zahlreiche Beobachtungen, die zeigen, **dass Vögel sehr wohl und instinktiv das für ihre Jungen am besten geeignete Futter kennen** und auch nicht bei einem Überangebot anderer Nahrung davon abweichen.

● *Fütterungen seien ein Herd für Infektionen aller Art.* – Wissenschaftliche Untersuchungen an Tausenden von Fütterungen zeigen, dass Krankheitsübertragungen aus doppeltem Grund die große Ausnahme darstellen: Wild lebende Vögel wählen ihr Futter sinnvoll aus (lassen z. B. verkotetes Futter liegen) und sind **grundsätzlich gegenüber Infektionen weitgehend immun** – was auch in Bezug auf die Vogelgrippe von Bedeutung ist. Moderne Fütterungsgeräte machen zudem eine Verschmutzung des Futters nahezu unmöglich.

● *Durch ein zu reichliches Nahrungsangebot träten Domestikationseffekte ein, die zu einer Störung der nötigen biologischen Auslese (Selektion) führten.* – Für Kulturfolger, die mehr oder weniger regelmäßig von den Segnungen menschlichen Tuns profitieren, gelten längst andere Selektionsfaktoren als unter prähistorischen Bedingungen. So spielen albinotische Farbabweichungen dann keine Rolle mehr, wenn Feinde fehlen, die unter natürlicheren Bedingungen für deren Ausmerzung sorgen. Im Übrigen **sind auch regelmäßige Futterstellenbesucher immer noch einer Vielzahl von Selektionsfaktoren (Witterung, Fressfeinden u. a.) ausgesetzt.** Eine Zunahme an Krankheiten und anderen Degenerationserscheinungen konnte meines Wissens bei Arten, die häufig an Futterstellen zu finden sind, nicht nachgewiesen werden.

● *An vielen Seen findet man Schilder, die das Füttern von Wasservögeln verbieten; in vielen Städten ist das Füttern von Tauben ebenfalls verboten.* – In beiden Fällen ist die Verschmutzung von Erholungsflächen oder Gebäuden durch Vogelkot die Grundlage des Verbots. In Städten kann der Taubenkot zu Schäden an Gebäuden führen, und es beste-

Das Füttern von Wasservögeln ist besonders umstritten, da es dabei oft zu Massenansammlungen kommt, die weder den Menschen gefallen noch den Vögeln gut bekommen.

hen hygienische Bedenken. An Gewässern können die Hinterlassenschaften besonders von Schwänen und Gänsen Badestrände stark verschmutzen. An solchen Stellen sind Fütterungsverbote und Vergrämungsmaßnahmen sinnvoll, **was aber nicht heißt, dass am gesamten See maßvolles Füttern verboten werden muss.**

Was die Naturschutz-verbände sagen

Die Vertreter des bayerischen Landesbundes für Vogelschutz, Dr. N. Schäfer und Dr. A. v.

Lindeiner formulieren ihre heutige Position wie folgt: **»Eine vernünftig betriebene Vogelfütterung im Garten schadet nicht,** bringt aber für den Artenschutz auch nicht viel. Sie kann aber viel Freude machen und das Verständnis für die Natur verbessern. Ein vogelfreundlicher Garten ist jedoch die nachhaltigere Lösung.« (Vogelschutz 1-2007)

Dr. M. Nipkow vom NABU allerdings bleibt in seinem Positionspapier »Zur Fütterung von Wildvögeln« vom März 2007 bei der bisher eingenommenen restriktiven Haltung: »Ein ganzjähriges Füttern von Wildvögeln ist

aus Sicht des Artenschutzes nicht erforderlich und kein zielführendes Mittel zur Erhöhung der Artenvielfalt . . . **Die Vogelfütterung sollte sich auf Wintermonate und hier auf Zeiten und Orte mit tatsächlichen Nahrungsengpässen beschränken.«**

Auf die Gefahr, sowohl die Befürworter einer ganzjährigen Fütterung als auch die Vertreter der asketischen Richtung zu verschnupfen, bleibe ich weiterhin bei meiner »liberalen« Einstellung: Ob man mehr oder weniger, kürzer oder länger füttert, spielt eine so geringe Rolle für die Gesamtsituation unserer Vogelwelt, dass Auseinandersetzungen darüber müßig, ja sinnlos erscheinen. Schlimmer aber ist: Sie haben die negative Wirkung, Menschen mit Freude an Natur zu verunsichern und zu gängeln, statt sie aufzufordern, ihre **eigenen Erfahrungen zu machen, selbst zu entscheiden, selbst Verantwortung zu übernehmen.**

Die Position des NABU ist stark geprägt von dem im Naturschutz weit verbreiteten, aber ökologisch fragwürdigen Bemühen, seltene Arten zu fördern.

Die meisten seltenen Arten spielen im gesamten Naturhaushalt, im Ökosystem, eine sehr geringe Rolle – zumal, wenn sie am Ende der Nahrungskette stehen, wie die Vögel. Diese Art von Naturschutz, die **viel mit Management und Biotoppflege,** auch mit kleinteiliger Landschaftsgestaltung (um der Artenvielfalt willen) und Ästhetik zu tun hat, aber oft herzlich **wenig mit der natürlichen Entwicklung standortgemäßer Lebensgemeinschaften,** hat es oft schwer, ihre Ziele wissenschaftlich überzeugend zu begründen. Böse gefragt: Wer zählt eigentlich die Arten, die

dem Schutz des Wachtelkönigs zum Opfer fallen? Und außerdem: Die Erhaltung des Artenreichtums ist global ein wichtiges Ziel, regional artet sie aber oft in einen ökologisch nicht begründbaren Listen-Maximierungs-Wettstreit aus.

Der NABU wirft der »Vogelfütterung in Städten und Dörfern« vor, »selten mehr als 10 bis 15 Vogelarten« zu fördern, die ohnehin stabile oder wachsende Populationen hätten; »keine ist in ihrem Bestand gefährdet.« Diese Fixierung auf Rote-Liste-Arten (für die es gute Argumente gibt – wenn auch kaum öko-

logische) übersieht offenbar einen Nebeneffekt der Förderung häufiger Vogelarten: **Viele Kleinvögel sind für Sperber, Eulen und andere »schutzwürdige« Arten Existenzgrundlage.**

Während ich dies schreibe, schaue ich hinaus zu meiner »unzulässigen« Vogelfütterung (schon Ende März und keine Spur von Winternot) und habe keineswegs den Eindruck, nur Allerweltsarten zu päppeln: Neben Mengen von Haus- und Feldsperlingen tummeln sich da auch Erlenzeisige, Birkenzeisige, Goldammern, Stieglitze . . . Gewiss, keine Rote-Liste-Arten, aber doch »förderwürdig« – nicht nur als Eulenfutter.

Vögel wie Erlen- und Birkenzeisig (Foto) ernähren sich überwiegend vegetarisch und haben gewöhnlich kaum Nahrungsprobleme.

Den auch nach meinem Dafürhalten überzogenen Forderungen von Berthold/Mohr möchte ich noch einen Gedanken gegenüber stellen: Bereits heute gibt es in Rumänien Sonnenblumenfelder mit einer Ausdehnung von 1000 Hektar und mehr. Ich weiß nicht, ob sie der Ölgewinnung oder als Vogelfutter dienen. **Wenn wir mit unmäßigen Fütterungen aber zu solchen Monokulturen beitragen,** bekommt die Sache doch einen etwas schalen Geschmack.

Artgerechte Fütterung

Voraussetzung für eine art- und sachgerechte Fütterung ist die Kenntnis der **Nahrungsbedürfnisse und natürlichen Ernährungsgewohnheiten** der verschiedenen Vogelarten. Im Artenteil werden Sie darüber mehr finden. Die Tabelle auf Seite 92 kann zudem eine grobe Übersicht geben.

Eine auf einzelne Vogelarten oder Vogelgruppen ausgerichtete Fütterung ist allerdings schwierig, ja kaum möglich. Schon deswegen, **weil sich die Nahrungsansprüche im Lauf des Jahres bei den meisten Vogelarten ändern:** Körnerfresser nehmen zur Zeit der Jungenaufzucht viel tierische Kost zu sich. Umgekehrt werden viele Insektenfresser im Herbst zu beerenfressenden Vegetariern.

Man wird daher in der Regel anders vorgehen: Sie besorgen sich verschiedene Futtermischungen und lassen sich davon überraschen, **welche Mischung für welche Vogelarten besonders attraktiv ist.** Wenn Sie mehrere kleine Futterstellen einrichten, können Sie bald herausfinden, welche Vögel welches Futter bevorzugen. Ideal für solche Tests wären allerdings nicht Mischungen, sondern sortenreine Angebote. Man kann aber auch bei Mischungen erkennen, welche Anteile rasch verschwinden und welche übrig bleiben oder erst zuletzt gefressen werden.

Insektenfresser, wie diese (weibliche) Mönchsgrasmücke, müssen der Kälte ausweichen und/oder auf vegetarische Kost umsteigen.

Bei derlei Versuchen sollte man aber auch **die »topografischen« Unterschiede bei der Nahrungssuche** berücksichtigen. Buchfinken, Spatzen, Grünfinken, Bergfinken, Goldammern, aber auch Zeisige, Amseln und andere Drosseln sowie Türkentauben bevorzugen ein Futterangebot am Boden. An meinem Futterplatz sorgen vor allem Feldsperlinge durch ihr temperamentvolles »Wühlen« am erhöhten Futtertisch für eine ständige Versorgung derer, die lieber am Boden nach Samen picken.

Je vielfältiger unser Futterangebot ist, desto bunter wird die Vogelwelt sein, die sich davon angezogen fühlt – vorausgesetzt, Sie wohnen nicht gerade mitten in einem baum- und strauchlosen Stadtzentrum. Grundsätzlich gilt es, zwischen Futter für **Körnerfresser und Weichfutterfresser** zu unterscheiden, auch wenn die Übergänge fließend sind (siehe bei den einzelnen Arten).

Der Futterplatz im Jahreslauf

Die jahrelangen Untersuchungen in England sowie eigene Erfahrungen zeigen, dass **ein ganzjähriges Futterangebot** der Vogelwelt in der Tat keinesfalls schadet, sondern im Gegenteil **vielen Arten eindeutig nützt.** Vor allem bietet die ganzjährige Fütterung dem Naturfreund und Vogelbeobachter überaus reizvolle Möglichkeiten, am Leben und Treiben der Gefiederten auch dann teilzunehmen, wenn

sie mit ihrem Familienleben beschäftigt sind, eine dichte Vegetation aber vielfach die Beobachtung erschwert.

Spatzen oder Grünfinken, die mit ihren soeben flüggen Jungen unsere Futterstelle besuchen und die hungrigen Schnäbel stopfen, eine Familie Stieglitze, die dem Futterplatz einen bunt flatternden Besuch abstattet – das sind Erlebnisse, die über das winterliche Treiben in anrührender Weise hinausgehen.

Durch die ganzjährige Bindung einzelner Individuen, Familien oder Kleinpopulationen (z. B. von Haus- oder Feldsperlingen) an Futter- und Beobachtungs-

stellen eröffnen sich uns ganz neue Möglichkeiten, Einblicke zu gewinnen in die verschiedenen **Verhaltensweisen im Jahreszyklus.** Wer genügend Zeit hat, das Geschehen am Futterplatz das ganze Jahr über fast täglich zu beobachten, der wird am Ende sogar einzelne Individuen erkennen: ein streitbares Grünfinkenmännchen, ein etwas schüchternes Paar Rotkehlchen, einen forschen Kleiber . . . Und man wird andere kommen und gehen sehen, ohne genau zu wissen, ob es sich dabei um die gleichen oder um verschiedene Individuen handelt.

Mit dem Winter ist es gewöhnlich rasch auch mit der **Verträglichkeit** zwischen den Individuen und Arten vorbei. Plötzlich duldet das Amselmännchen keinen Rivalen mehr an der Fütterung. Auch die so harmlos wirkenden Türkentauben fangen an, aufeinander herumzuhacken – mit Ausnahme der Partnerin, die man jetzt erst als solche erkennt.

Auch die **jahreszeitlichen Veränderungen am Gefieder** lassen sich schön an der Futterstelle beobachten: Wenn die ersten Stare im Frühjahr kom-

Ganzjährige Fütterung hat den Vorteil, auch das Familienleben der Vögel aus der Nähe beobachten zu können: Haussperling beim Füttern.

men, tragen sie meist noch das weiß gefleckte Winterkleid. Im Lauf der Zeit nutzen sich die hellen Federspitzen ab, und der »Perlstar« wird – während der Balz- und Brutzeit – immer mehr zum schimmernden »Glanzstar«. Ähnlich bei den Haussperlings-Männchen, deren schwarzer Latz durch Abnutzung immer deutlicher zum Vorschein kommt.

Während der Brutzeit ist es durchaus spannend, den Mei-sen, Grünfinken, Spatzen und

Temperamentvoll ausgetragene Rivalitäten sind ebenfalls ein Schauspiel am Futterplatz (hier Grünfinken).

Bemerkenswert, wie gut sich in der Regel die verschiedenen Vogelarten selbst auf engem Raum am Futter vertragen; eine Futtersäule kann auch im Sommer aufgehängt werden.

Konsorten auf den Schnabel zu schauen und festzustellen, was sie von unseren verschiedenen Futterangeboten an Ort und Stelle **selbst verzehren oder wegtragen** – vielleicht um ihre

Jungen damit zu füttern. Den Wechsel von der mehr oder weniger reinen Insektennahrung in der Frühphase der Jungenaufzucht hin zu mehr vegetarischer Kost (halbreife Sämereien, Beeren und dergleichen) können wir ebenfalls an der Frequentierung und Futterauswahl unseres Angebots beobachten.Wer sich die lohnende Mühe eines Futterplatzprotokolls machen will, wird daraus viel lernen können.

Nach der Brut sehen unsere Amseln, Meisen und Stare ziemlich mitgenommen und zerrupft aus. Und sobald die Mauser einsetzt, Lücken in Schwanz- und Flügelbefiederung auftreten und auch das Kleingefieder wie mottenzerfressen aussieht, wirken sie oft wie krank oder verunglückt. Aber bald tragen sie wieder ihr volles Ornat, sodass man erstaunt ist, wie rasch der Gefiederwechsel über die Bühne

geht. **Ganzjährige Fütterung eröffnet ganzjährige Einblicke ins Vogelleben,** wie wir sie bei reiner Winterfütterung kaum zu Gesicht bekommen.

> *Ganzjährige Fütterungen geben uns Einblicke in die vielfachen Veränderungen in Artenzusammensetzung, Verhalten und Aussehen der Vögel im Jahreslauf.*

Beschaffung und Zubereitung von Vogelfutter

Üblicherweise werden Körner, allenfalls noch Fette am winterlichen Vogelhaus verfüttert. Das hat auch praktische Gründe: **Körner** können in Mengen geerntet und ohne Wertverlust

Schwarze Sonnenblumenkerne werden von den meisten Futterstellenbesuchern geschätzt.

aufbewahrt, transportiert und gehandelt werden. Außerdem vertragen die verschiedenen Samen Feuchtigkeit länger als Weichfresserfutter, ohne zu verderben, was nicht heißt, dass man sie beliebig lang dem Regen aussetzen kann.

Das vom Handel angebotene Winterfutter besteht hauptsächlich aus fetthaltigen Sonnenblumen- und Hanfsamen sowie Erdnussbruch. Das sind relativ große, hartschalige oder harte Speisen, die nur Finken und Ammern mit ihren kräftigen Knack- und Schälschnäbeln sowie Meißelartisten wie Meisen, Kleibern und Spechten angemessen sind.

Subtilere Mischungen (etwa Waldvogel-, Kanarien- oder andere Exotenmischungen) enthalten auch **Kleinsämereien,** die für bestimmte Arten wie Stieglitz, Erlenzeisig und Goldammer wesentlich attraktiver sind.

In den etwas wärmeren Gegenden Mitteleuropas verbringen auch Vogelarten den Winter, die nicht zu den robusten Körnerfressern (Sperlingen, Finken, Ammern) gehören, sondern ganzjährig wenigstens einen Teil ihres Nahrungsbedarfs mit Kleintieren des Bodens, in Ritzen versteckten **Insektenlarven und überwinternden Insekten und Spinnen** decken müssen.

Rosinen sind — in kleinen Mengen — etwas für Drosseln.

Sie nehmen im Winterhalbjahr aber auch »leichte«, das heißt in nicht zu harte Schalen verpackte vegetarische Nahrung zu sich. Dazu gehören Kleinsämereien, Beeren, Obst, Pollen und Nektar der ersten Weidenkätzchen.

Zu diesen Vögeln gehören Zaunkönig, Rotkehlchen, Amsel, Sing- und Wacholderdrossel, Mönchsgrasmücke, Goldhähnchen, Heckenbraunelle, Bachstelze, Baumläufer und Star. Ihnen kann man als Futter die verschiedensten (selbst gesammelten) **getrockneten Wald- und Gartenbeeren, Rosinen, Obstschnitzel, in Speiseöl getränkte Haferflocken, getrocknetes Fleisch und Tierfett** anbieten. Das Fett (vor allem Talg von Rind und Hammel) kann

man in kleinen Gefäßen oder auch als ganze Speckseite verabreichen (siehe unten). Auch in Pflanzenöl getränkte Haferflocken versorgen die Vögel mit reichlich Energie. Wer mehr Geld ausgeben will, kann auch spezielles **Weichfresserfutter** kaufen und ausprobieren, welches davon welchen Vögeln am besten schmeckt.

Körner und Nüsse

Gute Körnermischungen bestehen zu 60-70 % aus Sonnenblumenkernen und zu etwa 25 % aus Hanfsaat; aufgrund ihres relativ hohen Ölgehaltes sind beide Saaten nahrhaft und energiereich. Der Rest besteht gewöhnlich aus Erdnussbruch, Weizen- und Haferkörnern bzw. -flocken sowie kleineren Sämereien, wie sie teilweise auch in handelsüblichem Kanarien- und Waldvogelfutter enthalten sind.

Als Vogelfutter werden gewöhnlich dünnschalige und kleinsamigere **Sonnenblumenkerne** verwendet, wobei man schwarze und gestreifte unterscheidet. Da die meisten Vögel hackend oder knabbernd die Schalen der Sonnenblumenkerne selbst ent-

fernen können, ist es im Allgemeinen nicht nötig, die mehr als doppelt so teuren geschälten Sonnenblumenkerne zu kaufen.

Wegen seines hohen Gehalts an ungesättigten Fettsäuren (Linolsäure) und vielen wertvollen Inhaltsstoffen wird **Hanfsaat** von vielen Vögeln besonders gern gefressen. Vogelzüchter behaupten, ohne Hanf könnten ihre Vögel kein gesundes Gefieder entwickeln. Allerdings sind Hanfsamen auch deutlich teurer als Sonnenblumensamen.

Außerdem darf man sich nicht wundern, wenn im Frühjahr da und dort im Garten die hübschen vielfingrigen Blätter der Hanfpflanzen sprießen, die Ihnen einen Besuch der Polizei eintragen können.

Zunehmende Bedeutung für die Vogelfütterung hat die **Erdnuss** erlangt. Die unterirdisch reifenden Früchte dieses Hülsenfrüchtlers enthalten bis zu 55 % Öl und 35 % Protein. Die ganzen Nüsse sind allerdings nur für Hackspezialisten wie Meisen und Spechte zugänglich. Aus diesem Grund gibt es Erdnussbruch im Handel. Noch besser ist der als Erdnussschrot be-

Erdnussbruch wird von fast allen Vogelarten hoch geschätzt.

Keine Rose ohne Dornen

Kein Zweifel: Je vielseitiger die Körnermischung, desto eher können die Nahrungsansprüche der verschiedensten Vogelarten – von Kernbeißer und Specht bis zu Rotkehlchen und Zaunkönig – abgedeckt werden. Andererseits geraten in die Mischungen oft auch die **Samen problematischer Pflanzen.** So soll die aus Amerika stammende Beifuß-Ambrosie *(Ambrosia artemisiifolia)* hauptsächlich über Vogelfutter den Weg in unsere Flora finden. Die Pollen dieser Pflanze lösen aber in besonders starkem Maße Allergien (Heuschnupfen, Asthma) aus – und das zu einer Jahreszeit (August bis Oktober), in der Pollenallergiker bisher weitgehend unbehelligt blieben.

Während Sonnenblumenkerne (ungeschält), Hanf, Getreide, Rübsamen, Kanariensaat, Hirse und Erdnüsse – also die Samen/Früchte aller kulturfähigen Pflanzen – durchaus preiswert sind (man kann im Durchschnitt mit 1 Euro/kg rechnen), haben die meisten Samen von Wildkräutern und Bäumen, sofern sie überhaupt erhältlich sind, einen recht hohen Preis. Abge-

Mit einem Gemisch aus Körnern, Flocken, Nüssen und Rosinen kann man es fast allen recht machen.

zeichnete Pressrückstand aus der Ölproduktion. Er wird als Futtermittel für Rinder und Schweine (auch für Vögel?) in Pelletform angeboten. Bei Feuchtigkeit sind diese wie andere aus Ölsaatrückständen gewonnenen Futterpellets allerdings schimmelanfällig.

Außerdem enthalten die Körnermischungen des Handels gewöhnlich gewalzten Mais, gelbe Hirse, geschrotete Erdnüsse, Hafer- und Maisflocken, Kanariensaat sowie ganze Weizen- und Haferkörner. Letztere sind für die meisten Vögel freilich untauglich. Manchen Mischungen werden auch Mineralstoffe zugefügt. Die Samen von Sonnenblumen und Hanf sowie Erdnussbruch sind die Grundlage jeder Gartenfütterung.

sehen von den Kosten lässt sich Körnerfutter bequem aufbewahren und behält bei kühl-trockener Lagerung lange seine Nähr- und Wertstoffe.

Allerdings hat aus diesen Gründen die Körnerfütterung solche Ausmaße angenommen, dass man um die Ernährung der eigentlichen Körnerfresser – zumindest der Arten, die die Nähe des Menschen nicht scheuen – sich kaum noch sorgen muss. Das heißt, **es werden mit dem gewöhnlichen Körnerfutter vor allem solche Arten gefördert, die ohnehin häufig sind.** (Darin ähnelt das »Problem« der Förderung meist häufiger Höhlenbrüter durch das verbreitete Aufhängen von Kleinnistkästen, während größere Höhlenbrüter wie Waldkauz, Dohle, Schellente, Gänsesäger usw. oft unter Wohnungsmangel leiden.)

Das sollte uns aber nicht von der auch ganzjährigen Körnerfütterung abhalten, sondern nur veranlassen, uns auch über **zusätzliche Nahrungsangebote** für solche Arten Gedanken zu machen, die mit Körnern und Sämereien nur wenig anfangen können. Außerdem sollten wir an solche Körnerfresser denken, die kaum in den Garten kommen, in der Feldflur, an Gewässern und im Wald aber ebenfalls vielfach unter Nahrungsmangel leiden. Das sind vor allem Rebhühner und Fasane, teilweise auch Blesshühner und Stockenten (siehe S. 84 u. 90). Freilich werden die auch von Jägern gefüttert.

Die Beschaffung von Körnerfutter

Die **Beschaffung** von Körnerfutter ist heute kein Problem mehr, da in jedem Supermarkt Körnermischungen sowie reine Sonnenblumen-, Hanf- und Erdnuss-Abpackungen erhältlich sind, dazu meist auch noch Futterrosinen. Für ausgefallenere Sämereien muss man sich im

Fachhandel umschauen (vgl. S. 93). Wer mit seinem Futterkauf gleich auch noch einen Natur- oder Vogelschutzverein unterstützen möchte, sollte deren Angebote wahrnehmen.

Sonnenblumen kann man natürlich problemlos auch im Garten anpflanzen. Die Blütenkörbe müssen freilich rechtzeitig mit einem Tuch gegen vorzeitiges Auspicken der heranreifenden Samen geschützt werden. Um allerdings den Futterbedarf für einen ganzen Winter, geschweige für ein ganzes Jahr zu decken, müsste man schon beträchtliche Flächen mit Sonnenblumen bepflanzen – und das sollte man doch eher den Bauern überlassen.

> *Körnerfutter ist und bleibt die Grundlage jeder Vogelfütterung.*

Körner-Fett-Mischungen

Die Vogelarten mit den zarteren Schnäbeln tun sich schwer mit größeren und härteren Samen. Um genügend energiereiche Nahrung in den kurzen Wintertagen aufnehmen zu können,

reichen ein paar magere Spinnen oder Wintermücken nicht. Da ist **Fett** die richtige, weil energiereiche und auch mit zierlicheren Mundwerkzeugen aufnehmbare Zusatznahrung.

Geeignet sind härtende Fette wie **Rindertalg und Speiseöle** in Verbindung mit einem Träger. Die bekannten Meisenknödel, -ringe oder -glocken sind Mischungen aus Tiertalg und Körnerfutter. Man kann sie auch leicht selbst herstellen. Den Rinder- oder Hammeltalg bekommt man in Metzgereien.

Nicht nur Kletterkünstler wie der Kleiber bedienen sich am Fett von Meisenknödeln.

Eine selbst gebastelte Futterglocke ersetzt fertige Meisenknödel und hält länger.

Bodenloch schiebt (siehe Abbildung). Für Spechte, Kleiber und Baumläufer kann man den Talg auch in rissige Baumrinde schmieren; das kommt ihren natürlichen Methoden der Nahrungssuche entgegen.

Weichfutter

Schneearme Winter, das mildere Klima von Großstädten und maritim beeinflussten Landschaften **veranlassen immer mehr Vogelarten,** die als Weichfutterfresser im Winter gewöhnlich nach West- und Südeuropa abwandern, **bei uns zu überwintern.** Zu ihnen gehören nicht nur Rotkehlchen, Amseln, Wacholder- und Rotdrosseln, Stare usw., sondern auch Mönchsgrasmücken, Sommergoldhähnchen, Heckenbraunellen, Schwanzmeisen, Feldlerchen, Kiebitze, Brachvögel und andere. Einem Teil von ihnen **können wir mit geeigneter Zufütterung über kritische Tage oder Wochen hinweghelfen** – sofern sie bei Wintereinbrüchen nicht ohnehin die Flucht ergreifen. Aber auch im Hinblick auf eine Ganzjahresfütterung können wir viel für die Weichfutterfresser tun.

Man erwärmt ihn, bis er knetbar oder flüssig ist, gibt etwas Speiseöl hinzu, damit die Masse in der Kälte nicht zu hart und bröckelig wird, und fügt die gleiche bis doppelte Menge an Körnern oder Haferflocken zu. Dann formt man die (abgekühlte) Masse zu Knödeln oder Würsten oder füllt sie in geeignete Gefäße wie Blumentöpfe aus Ton, halbe Kokosnussschalen oder ähnliches. Die Blumentöpfe lassen sich aufhängen, wenn man vor dem Einfüllen einen Stock, der gleichzeitig als Sitzstange aus dem Topf herausragt, ein Stück durch das

Viele der genannten und weitere Weichfutterfresser-Arten machen durchaus Gebrauch von Fütterungen, wenn dort für sie geeignetes Futter angeboten wird. Besonders **Fette und Beeren** sind begehrt, müssen aber auch für weniger akrobatische Vögel erreichbar sein. Im Handel erhältliche Meisenknödel kann man etwa zerbröseln und auf fester Unterlage anbieten. Auch in Speiseöl getränkte Haferflocken sind sehr geeignet.

Im Übrigen kann man für solche hauptsächlich von Insekten und anderen Kleintieren lebenden Arten auch besondere Talgknödel herstellen. Statt grober Körner vermischt man Weizenkleie, Haferflocken und Trockenbeeren (Rosinen) mit dem Talg. Noch besser ist eine **Beimischung von Fischmehl oder einer Aufzucht- oder Weichfresser-Futtermischung** (in Zoohandlungen erhältlich). Solche Mischungen kann man als Knödel oder in Futterspendern ins Geäst hängen oder zerbröselt als Bodenfütterung anbieten.

Wer gerne experimentiert, kann auch die **Beeren unserer verschiedenen Wildgehölze** sammeln, trocknen und als Winter-

Zaunkönige überwintern meist bei uns, obwohl sie überwiegend von Kleintieren leben; sie wissen Fettfutter zu schätzen. Wacholderdrosseln und Konsorten sind da vielseitiger und gehen auch an Beeren und Äpfel.

Mit allerlei Absperrgittern kann man größere Vögel vom Futter für kleinere abhalten; das Miteinander von Groß und Klein hat aber auch seine Reize.

nem hohen Anteil an Insekten (teilweise auch Fischbrut) sind natürlich für viele dieser Vogelarten ein »gefundenes Fressen« – allerdings auch teuer für den, der seine Lieblinge damit verwöhnen möchte. Die renommierten Futtermittelfirmen Claus und Donath bieten ein reiches Sortiment hochwertiger Spezialfuttermischungen in Abpackungen von 500 bis 5000 g und größere Mengen lose im Eimer oder Sack an. Die Firma Schwegler/Schorndorf hat verschiedene aus England kommende »Cakes« in ihrem Sortiment, darunter solche mit getrockneten Insekten und Mehlwürmern. Von Naturschutzverbänden werden Gesamtfutter-Mischungen wie »pekafit« der Firma P. Kölln/Elmshorn für alle Körner-, Gemischt- und Insektenfresser empfohlen. Die Packungen zu 500 und 2500 g enthalten mit tierischen Fetten angereicherte

Haferflocken, Rosinen und Vogelbeeren, Glanzsaat, Hirse und Hanf, Erdnüsse, Rindertalg, Fleischgrissel, Bachflohkrebse und Kraftpellets – also für jeden Geschmack etwas.

Ein Nachteil solcher nicht ganz billigen Super-Futtermischungen besteht gerade in ihrer Vielseitigkeit. Die lockt nämlich nicht nur die wirklich bedürftigen Arten an, sondern auch solche, deren Häufigkeit und Dominanz eher besorgniserregend ist. Darunter Krähen, Elstern und Tauben, deren kräftigem Appetit normale Haushaltskassen bald nicht mehr gewachsen sein dürften.

Die Futtergerätehersteller haben spezielle **bodennahe Weichfuttersilos** entwickelt, was den Bedürfnissen vieler Arten entgegenkommt. Man kann sie auf freier Rasenfläche oder im Schutz einer Hecke aufstellen. Sie verhindern in erheblichem Maße auch Räubereien unerwünschter größerer Vogelarten; allerdings können dann Katzen ein Problem werden.

Weichfutter hilft besonders auch gefährdeteren Vogelarten.

futter anbieten. Etwa die »Vogelbeeren« der Eberesche oder die Früchte von Holunder, Mehlbeere, Schneeball, Liguster, Hartriegel, Weißdorn, die Hagebutten der verschiedenen Rosen sowie Futterrosinen. Wer solche Kost in verschiedenen Gefäßen (Blumentopfuntersetzern) einzeln anbietet, wird schnell herausfinden, welche am beliebtesten ist. Noch besser ist die eigene Wildstrauchhecke im Garten (vgl. S. 45 ff).

Die im Zoohandel erhältlichen **Weichfuttermischungen** mit ei-

Fütterung spezieller Vogelgruppen

Bei den bisher genannten Futterarten hatten wir vor allem die Bedürfnisse der in die Gärten kommenden Vogelarten im Auge. Wer einen Wald, landwirtschaftliche Flächen, eine Brachfläche oder andere Grundstücke außerhalb von Siedlungen besitzt oder darüber verfügen kann, möchte aber vielleicht auch die dort vorkommenden Vögel füttern. Hier ist das Artenspektrum meist ein ganz anderes als im Garten. Vor allem **die Vogelwelt der Freiflächen (Felder, Wiesen, Brach- und Ruderalflächen) und der Gewässer unterscheidet sich von der der Gärten und Wälder.**

Vogelfütterungen außerhalb der Gärten werden von vielen Fachleuten besonders kritisch gesehen. Tatsächlich fällt hier meist ein wesentlicher Grund weg, den ich zur Rechtfertigung auch einer ganzjährigen Fütterung anfangs genannt habe: die Beobachtung als Voraussetzung für eine engere und verständnisvollere Beziehung zur Natur. Andererseits gilt auch hier: Jede halbwegs vernünftige, das heißt maßvolle Fütterung wild lebender Vögel stellt - wenn überhaupt - einen so geringen Eingriff in die »natürlichen« Zusammenhänge dar, dass man hier nicht schon wieder den Menschen vorschreiben sollte, was »falsch« und was »richtig« ist.

Ich denke, die meisten »Fütterer« haben genügend Sachverstand und Verantwortungsbewusstsein, um selbst entscheiden zu können, wo, wann, was und wie viel gefüttert werden kann. Und wenn es tatsächlich da und dort mal Menschen gibt, die des Guten zu viel tun, die säckeweise »Futter« (oft altes Brot) in der Landschaft verteilen, ohne sich ausreichend Gedanken über den Sinn und die Folgen (auch für andere Menschen!) zu machen, **so erscheint diese Art von »Naturfrevel« wahrlich harmlos** - im Vergleich zu dem, was jeder Autofahrer auf diesem Gebiet sich leistet. Also noch einmal: Lassen Sie sich nicht verunsichern!

Auch in der freien Landschaft gilt: Füttern Sie mit Verstand und Verantwortung.

Wasservögel

Die Fütterung von Wasservögeln erfordert - noch mehr als in allen übrigen Fällen - ein hohes Maß an Verständnis für die ökologischen Zusammenhänge. Es ist unsinnig, an natürlichen Gewässern kiloweise Futter abzuladen und damit Vogelkonzentrationen zu verursachen, die unnatürlich und für Gewässer und Vögel unter Umständen nicht unproblematisch sind.

Besonders an öffentlichen Gewässern kann es durch unkoordiniertes Füttern durch viele verschiedene Personen zu übermäßiger und unsachgemäßer Fütterung bis hin zu massenhaftem Abladen von Speiseresten kommen. Vor allem an Ufern, die auch Menschen (Kindern) als Rast- und Spielplatz dienen, insbesondere an Badestränden, können die Überreste des »Futters« und der Kot der Vögel erhebliche **hygienische und ästhetische Probleme** verursachen.

Das hat leider an manchen Gewässern zu einem **völligen Fütterungsverbot** geführt. Dadurch

Möwen zu füttern, gehört bei Alt und Jung zu den Freuden am Wasser; ein harmloses Vergnügen.

raubt man aber gerade Kindern, alten Leuten und Menschen, die keinen Garten besitzen, eine harmlose Freude und eine Möglichkeit, der Natur nahe zu kommen. Fütterungsverbote an Gewässern sollten sich auf Strandbäder und Liegewiesen beschränken. Und man sollte sie mit den wahren Zwecken begründen und nicht mit fadenscheinigen, pseudo-biologischen Argumenten. An anderen Stellen kann man die Menschen auffordern, nur kleine Mengen zu verfüttern.

Für **Wasservögel** (Schwäne, Gänse, Enten, Blesshühner und Möwen) ist **handelsübliches Geflügelfutter** aus Hafer, Gerste, Bruchmais und anderem Körnerfutter geeignet. Eine wertvolle Ergänzung bilden zerkleinerte Eicheln, gedämpfte Kartoffeln, Grünzeug (Salat, Löwenzahn . . .), Obst und Garnelenschrot. Brot in kleinen Stü-

cken sollte nur dort verfüttert werden, wo es von Möwen und Wasservögeln sofort gegessen wird.

Vögel der Feldfluren

In **freier Landschaft** (bei der es sich in der Regel um landwirtschaftlich genutzte Flächen handeln wird) treten einige Vogelarten und -gruppen auf, die man für gewöhnlich weder in

Siedlungen (Gärten) noch an Gewässern antrifft. Das sind vor allem Greifvögel, Krähenvögel und Hühnervögel.

Unter den **Greifvögeln** (früher »Raubvögel« genannt) sind Mäusebussard und Turmfalke in den meisten Landschaften Mitteleuropas die häufigsten. Habicht und Sperber sind stärker an Wälder gebunden, können aber durchaus auch im Freiland jagen. Lokal spielen zudem Schwarz- und Rotmilan oder (im Sommer) Rohrweihen eine Rolle. Im Winter bekommen wir gelegentlich Zuzug vom Merlin (einem Kleinfalken) und vom Raufußbussard. All diese Arten ernähren sich von lebender Beute (besonders Wühlmäusen, aber auch von Regenwürmern und größeren Insekten, vereinzelt auch von Vögeln) und Aas. Nahrungsökologisch gehören zu dieser Gruppe auch die **Eulen,** insbesondere die häufig auf Landwirtschafts- und Brachflächen jagende Schleiereule sowie Waldkauz und Waldohreule.

All diese »Mäusejäger« leiden bei andauernder Schneedecke unter oft tagelangem Hunger, und es kommt zu vielen Todesfällen, besonders bei Arten wie

Schleiereule und Waldkauz, die kaum abwandern, aber auch bei Turmfalke und Mäusebussard. Ihnen kann man mit regelmäßig bestückten Winterfütterungen sehr wirksam über Notzeiten hinweghelfen.

Am besten eignen sich dafür **Eintagsküken,** die bei Brutanstalten in großer Zahl anfallen. In kleinen Mengen kann man sie im Zoohandel erwerben, was aber eher teuer kommt. Größere Gefriermengen bestellt man am besten direkt (siehe Internetangebote) und kann dann mit einem Preis von 1-2 Cent/Stück (oder auch weniger) rechnen. (Siehe z. B.: www.ms-reptilien.de.) Man kann auch **Schlachtabfälle** und Innereien vom Metzger (z. B. Rinderherz) oder Auswaidungen vom Jäger an festen Futterplätzen anbieten. In der Berufsfischerei und Fischzucht anfallende **Kleinfische** (Beifang) und Innereien sind ebenfalls wertvolle Fleischnahrung für Greifvögel.

Derartige »Luderplätze« für Greifvögel und Eulen müssen **auf erhöhten Futtertischen** errichtet werden, damit nicht Füchse, Hunde, Katzen usw. am Mahl teilnehmen. Selbstver-

Ein erhöhter Futtertisch ist auch für Greifvögel eine gute Lösung.

ständlich müssen solche Futterplätze in ausreichendem Abstand von Wohngebäuden angelegt werden. Und wo nicht eigene Grundstücke zur Verfügung stehen, ist ebenso selbstverständlich die Rücksprache mit Eigentümern oder (Jagd-)Pächtern erforderlich. Unter Umstände tut auch eine amtstierärztliche Genehmigung für das Auslegen von Schlachtabfällen not.

Eine besondere Form der **Fütterung mit Lebendbeute** ist das Anfüttern von Feldmäusen mit Getreide(-abfällen) in Feldscheunen, zu denen insbesondere (Schleier-)Eulen Zugang

Fasane (hier eine Henne) werden im Winter meist mit Getreidekörnern gefüttert.
Unter einer überdachten Bodenschüttung ist das Futter für Feldhühner vor Nässe geschützt.

haben. Nun gibt es auch leider eine eher ungewollte Variante dieser Art der Greifvogelfütterung: Sperber, gelegentlich auch Habichte oder Turmfalken machen an Vogelfütterungen gerne Jagd. Da die Verluste gering sind und hauptsächlich schwache Individuen geschlagen werden, kann man jedoch guten Gewissens einige Spatzen, Amseln oder Grünfinken »opfern« – zumal Sperber & Co. immer noch zum Feindbild von Jägern und Taubenzüchtern gehören und entsprechend verfolgt werden und selten sind. Leider verfolgt der Sperber seine Beute oft mit solcher Vehemenz, dass die schönen Tiere immer wieder an Fensterscheiben zu Tode kommen (siehe S. 36f.).

Wesentlich einfacher und unproblematischer ist die **Fütterung von Hühnervögeln.** Dazu gehören allerdings auch nur 2 Arten: Fasan und Rebhuhn. Wobei das Rebhuhn in vielen Landschaften bereits verschwunden oder sehr selten geworden ist. Gleiches gilt für die nur im Sommer bei uns weilende Wachtel. So beschränkt sich diese Art der Fütterung meist auf den Fasan, der zu Jagdzwecken eingeführt wurde und vielfach regelmäßig nachgezüchtet und ausgesetzt wird.

Entsprechend werden Fasane auch von Jägern an **überdachten Bodenschüttungen** (siehe S. 43) mit Futter versorgt – an denen sich übrigens auch Häher, Krähen, Elstern, Ammern, Finken und Lerchen gütlich tun. Als Futter werden im Handel erhältliche Geflügelmischungen

eingesetzt. Aktueller Bedarf an zusätzlichen Fütterungen besteht in der Regel nicht.

Dass die meisten **Krähenvogelarten** keiner Förderung bedürfen, ist bekannt. Dass sie gleichwohl von den verschiedenen Fütterungen insbesondere im freien Feld profitieren, lässt sich nicht vermeiden. Vor allem Greifvogelfütterungen können

eine starke Anziehungskraft auf Raben- und Saatkrähen, stellenweise auch auf Kolkraben, Dohlen und Elstern entfalten.

Vogelfütterungen in der freien Landschaft sind nicht unproblematisch und sollten nicht ohne Rücksprache mit Jägern, Landwirten und gegebenenfalls dem Amtstierarzt erfolgen.

Ungeeignetes Futter

Zwar gehen verschiedene Vogelarten (z. B. Krähen und Möwen) auch an menschliche Abfälle jeder Art, das bedeutet aber nicht, dass Vogelfütterung zur Entsorgung von **Speiseresten und Küchenabfällen** verkommen darf. Nicht geeignet sind besonders gesalzene und gewürzte Abfälle sowie Brot und Kuchen, da Backwaren rasch Feuchtigkeit ziehen und verderben.

Früchte sollte man – ebenso wie ungewürztes Fleisch – nur am Stück anbieten, aus dem sich die Vögel auch in gefrorenem Zustand die artgerechten »Bissen« herauspicken können.

Drosseln (zu denen im weiteren Sinn auch Rotkehlchen gehören) bevorzugen sogar vielfach vom Frost erweichte Äpfel und Beeren und fressen selbst hart gefrorene Beeren, wenn sie ganz geschluckt werden können.

Diese Beispiele zeigen wieder einmal, dass wir uns hinsichtlich Geschmack und Bekömmlichkeit der Nahrung ganz auf die Eigenarten und Bedürfnisse der Vögel einstellen müssen und keinesfalls von unseren kulinarischen Eigenarten und Bedürfnissen falsche Rückschlüsse ziehen dürfen. Das Umgekehrte gilt ja gleichfalls: Wer möchte sich schon von kleinen grünen Rau-

pen und ähnlichen »Leckereien« ernähren. **Welche Nahrung welcher Vogelart zu welcher Jahreszeit erforderlich ist und**

Was Sie Vögeln nicht füttern sollten
- *Speisereste und Küchenabfälle*
- *Braten-, Wurst und Käse*
- *Back- und Bratfette, Margarine*
- *Pommes frites*
- *Quark (allenfalls sehr trocken und frisch)*
- *gekochte Kartoffeln (allenfalls ganz frisch)*
- *ranzige oder zerfließende Butter*
- *alle chemisch behandelten Nahrungsmittel*

bekommt, darüber befinden die Vögel selber. Und häufig wundert man sich, welch stinkendes Aas, welch vergammelte Abfälle Vögeln noch als artgerechte Nahrung dient, um die es sich sogar mit Konkurrenten zu raufen lohnt.

Insofern möchte ich noch einmal ein wenig Entwarnung geben: Vogelfutter für wild lebende Vögel soll und kann nicht mehr sein als **Zusatznahrung.** Eine nach neuesten ernährungsphysiologischen Erkenntnissen zusammengestellte »Vollwertkost« mag für Käfigvögel sinnvoll und nötig sein. Für Wildvögel ist sie rausgeschmissenes Geld mit fragwürdigen biologischen Auswirkungen. Die neue Parole, wonach das Beste in der Wildvogelfütterung gerade gut genug sei, erscheint mir daher eher Ausdruck einer Luxusgesellschaft als sinnvoller Rat.

> *Vogelfütterung darf nicht zur Entsorgung von Speiseresten und Küchenabfällen verkommen.*

Gefahren an Futterstellen

Größere Vogelansammlungen, wie sie an gut bestückten Futterstellen nicht nur im Winter die Regel sind, können auch Probleme und Gefahren mit sich bringen. Auf die Möglichkeit, dass sich **Sperber als Beutegreifer** auf Vogelfütterungen spezialisieren, wurde schon hingewiesen. Ein echter Naturfreund wird sich darüber eher freuen, da diese eleganten Kleingreifvögel wahrlich kein täglicher Anblick sind und die

Sperber sind zwar hauptsächlich Waldjäger, im Winter holen sie sich ihre gefiederte Beute aber gern an Futterstellen. Man sollte es ihnen gönnen.

So ein Käfig über der Futterstelle hält größere Vögel mit großem Appetit ab, vor allem aber Katzen und andere »Raubtiere«.

Beobachtung eines im Geäst lauernden und dann zum dramatischen Überfall startenden Sperbers ein spannendes Schauspiel ist.

Konkurrenten und Feinde

Unliebsame Konkurrenz aus der Vogelverwandtschaft stellt eher eine Gefahr für unseren Geldbeutel dar. Wenn **Krähen, Tauben, Fasane oder andere »Vielfraße«** in größerer Zahl und regelmäßig unser Futterangebot plündern, müssen wir gegebenenfalls über Abhilfen nachdenken. Zu den wirksamsten gehören **Absperrgitter,** die kleinere

Vögel durchlassen und größere vom Futter abhalten – wenn's auch nicht schön aussieht.

Weniger tolerant wird man auch sein, wenn des Nachbars **Katze** sich auf unsere Futterstelle spezialisiert. Da kann man nur darauf achten, dass möglichst viele Elemente der Futterstelle hoch angebracht und für Katzen möglichst nicht erreichbar sind.

Im Übrigen muss man auf die Wachsamkeit und Reaktionsfähigkeit der Vögel setzen. **Ein gewisser »Feinddruck« hält unsere Gartenvögel fit und alert** und verhindert die Entwicklung zum bequemen, instinktarmen »Haustier«.

Krankheiten

Immer wieder hört und liest man, wie gefährlich die Möglichkeit der **Krankheitsübertragung an und durch Futterstellen** sei. Dahinter steckt viel Annahme und wenig Beobachtung. Dauerstudien an Ganzjahresfütterungen in Großbritannien haben gezeigt, dass selbst bei lebhaftestem Gedränge und keinerlei »hygienischen« Maßnahmen Fälle von Krankheit oder Tod nur ganz gelegentlich zu beobachten sind. Das kann zum Teil daran liegen, dass sich kranke und sterbende Vögel zurückziehen. Generell gilt aber, dass alle Wildtiere eine kräftige Immunabwehr gerade durch den ständigen »Umgang« mit allen Arten von Schmutz und potenziellen Krankheitserregern erwerben. Wer Erfahrungen mit Vogelnestern hat, weiß, unter welchen »hygienischen« Bedingungen bereits Jungvögel aufwachsen.

Bei Veterinäruntersuchungen an Vögeln und Futterstellen in Süddeutschland konnten zu keiner Jahreszeit Hinweise für eine erhöhte Kontamination mit pathogenen Keimen – also auch nicht mit den immer wieder

Insbesondere Futterstellen, in denen die Vögel im Futter stehen, sollten regelmäßig gereinigt werden.

zitierten Salmonellen – festgestellt werden, obwohl keine speziellen Hygienemaßnahmen ergriffen wurden.

Trotzdem sollten Futterstellen natürlich im Rahmen des Offensichtlichen sauber gehalten werden. Alte, schimmelnde oder säuernde Futterreste sind periodisch zu entfernen. Auch empfiehlt sich eine gelegentliche **Reinigung der Futtergeräte mit heißem Wasser.** Sehr praktisch hierfür sind kleine, auch im Garten einsetzbare Dampfstrahler, die es bereits für 20 Euro im Handel gibt. Leider – aus ästhetischen Gründen – sind Futtergeräte aus Kunststoff

wesentlich leichter sauber zu halten als solche aus Holz. Die modernen Futtersäulen aus Plexiglas und Metall sind da ein glücklicher Kompromiss aus Funktionalität, Hygiene und Design.

Was die **Vogelgrippe** anlangt, so haben die bisherigen Erfahrungen zweierlei gezeigt. Erstens: Sie ist vor allem ein Problem der Massentierhaltungen. Zweitens: Sie wird auf den Menschen offenbar nur im engsten Kontakt mit lebendem Geflügel übertragen. Ob und wie weit Wildvögel von Hausgeflügel angesteckt werden, ist schwer zu sagen. Offenbar tragen etli-

che Wildvögel das Virus, ohne daran zu erkranken. Vorbeugend ist es aber sicher ratsam, beim Reinigen der Futtergeräte hygienische Vorsicht walten zu lassen. Gummihandschuhe und ein nachträgliches gründliches Waschen der Hände kann jedenfalls nicht schaden; ob Mund- und Nasenschutz nötig sind, muss jeder selbst entscheiden.

Die als Verderber von Nahrungsmitteln gefürchteten **Salmonellen** können zwar durch Vogelkot übertragen werden, für eine Erkrankung beim Menschen müssten aber größere Mengen davon (meist mit verkoteten Speisen) aufgenommen werden. Außerdem übertragen Wildvögel nur dann Salmonellen, wenn sie solche vorher aufgenommen haben, was in der Regel nicht der Fall ist.

Fensterscheiben

Als nicht unbeträchtliche Gefahrenquelle erweisen sich immer wieder Fensterscheiben. Besonders panisch aufgeschreckte Vögel und Vogelschwärme neigen zu »kopfloser« Flucht, die dann manchmal an Scheiben endet. (Dass Ursache und Opfer des Schreckens oft gleichermaßen an einer Scheibe enden, erwähnte ich bereits.) Solche **Scheibenopfer liegen oft lange wie tot am Boden,** erholen sich aber erstaunlich häufig wieder – nach wenigen Minuten oder erst nach mehreren Stunden. Retten Sie derartige Opfer, indem Sie sie in eine kleine offene Schachtel legen und an einem für Katzen unzugänglichen, ruhigen Ort im Freien sich selbst überlassen.

Solche **Unfälle lassen sich aber auch vermeiden.** Als wenig hilfreich haben sich die vielfach verwendeten Aufklebesilhouetten von Greifvögeln erwiesen. Am wirksamsten sind relativ engmaschige Sprossen, Netze, Gitter oder Aufklebestreifen vor dem Fenster beziehungsweise Vorhänge dahinter. (Leider verhindern Vorhänge nicht den Spiegeleffekt, der den Vögeln freien Flugraum vortäuscht.) Noch besser ist spezielles **Vogelschutzglas** wie beispiels-

weise von der Fa. Isolar Ornilux. Hier werden UV-Licht reflektierende Strukturen ins Glas eingearbeitet, die für Menschen unsichtbar, für Vögel aber klar als Hindernis erkennbar sind.

> *Fensterscheiben, an denen Vögel wiederholt verunglücken, sollten in genannter Weise »getarnt« werden. Wenn dies nicht möglich ist, sollte man die Futterstelle an einem anderen Ort einrichten.*

Futterstellen und Futtergeräte

Nun stellt sich die Frage, mit welcher Art von Futterstelle man am besten Körner- und Weichfutter anbietet.

Beliebt sind immer noch die aus Holz gebastelten **Futterhäuser im Stil von Zwergenlandhäusern.** Sie bestehen gewöhnlich nur aus einem einfachen Futtertischchen mit erhöhtem Rand und einem Dach darüber. Das sieht hübsch und naturverbun-

den aus und lässt sich bei einigem handwerklichen Geschick leicht selbst herstellen, hat aber auch einige Nachteile.

• Bei den einfacheren Modellen ohne Silo lassen sich Futter und Vogelkot nicht wirksam trennen.

Ein traditionelles Futterhaus mit praktischem und attraktivem, weil durchsichtigen Silo.

- Solche Futterhäuser lassen sich schwer reinigen.
- Auch das (häufige) Nachfüllen von Futter gestaltet sich oft schwierig.
- Viele Vogelarten scheuen sich, mehr oder weniger geschlossene Räume aufzusuchen, da sie gewohnt sind, ihr Futter unter freiem Himmel, auf freiem Feld, bei freier Sicht zu suchen.
- Derlei meist mit klobig-hölzernen Dreibeinen ausgestattete Futtervillen beanspruchen viel Platz in Abstellräumen, wenn sie nicht gebraucht werden.

> *Hölzerne Futterstellen sehen hübsch aus, sind aber eher unpraktisch.*

Holz-Futtersilo zum Selbermachen

Eine »modernere«, zweckmäßigere Variante ist das Holz-Futtersilo. Der abgebildete Bauplan stellt ein **Grundmodell** dar, das in vielfacher Weise abgewandelt und für Orte mit lebhaftem Vogelbesuch vor allem auch **vergrößert** ausgeführt werden kann. Lassen Sie Ihre Kreativität walten.

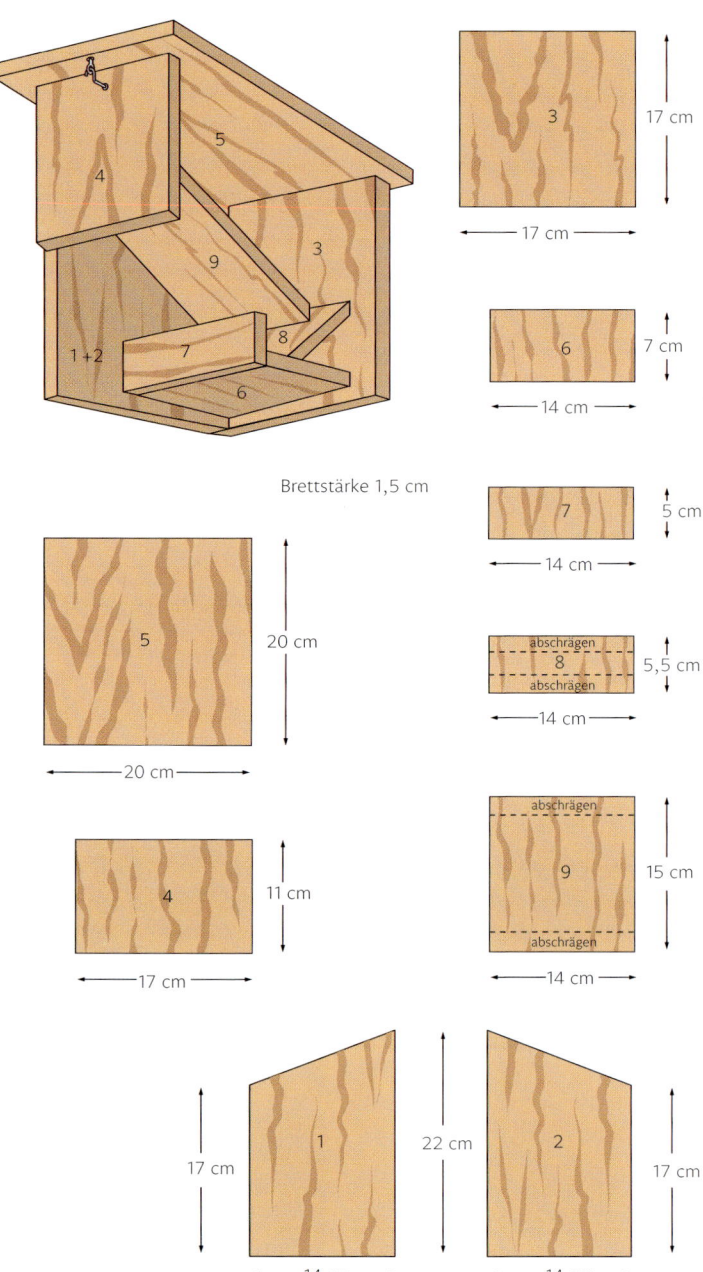

Brettstärke 1,5 cm

Das Prinzip ist denkbar einfach: Die beiden **Seitenwände** (1 und 2) und die **Rückwand** (3) bilden das Grundgerüst. Die nur halb hohe **Vorderwand** (4) dient der Stabilisierung des Kastens, verhindert den Zugang zum Futtervorrat und schützt den Futtertisch vor Regen und Schnee. Außerdem wird hier mit Haken und Öse das **Dach** (5) befestigt, das zum Nachfüllen des Futters geöffnet werden kann. Das Dach kann an der Rückseite mit einem Scharnier oder ebenfalls mit Haken und Öse befestigt sein; natürlich kann man es statt hinten und vorne auch an den Seitenwänden einhaken.

Etwas komplizierter ist die »Inneneinrichtung«: Sie besteht aus dem großen **Schüttbrett** (9), der kleinen **Rutsche** (8) und dem **Futtertischchen** (6) mit dem **Sitzbrettchen** (7), das gleichzeitig die Funktion hat, das nachrutschende Futter vor dem Herunterfallen zu bewahren. Darum muss die Oberkante des Sitzbrettchens 5-10 mm höher sein als die untere Schüttbrettkante. Das Schüttbrett selbst muss so an den Seitenwänden befestigt werden, dass seine Unterkante etwa 2 cm über der Rutsche (8) »schwebt«,

damit durch den Spalt auch größere Körner passen.

Als Erstes verschrauben wir die Seitenwände mit der Rückwand und dann das Futtertischchen (6) mit Rückwand und Seitenwänden. Sodann fügen wir die Rutsche (8) ein, deren obere und untere Kante im 45°-Winkel abgeschrägt sind. Im gleichen Winkel an den Seitenwänden befestigt, sollte die Rutsche an Rückwand und Futtertischchen je etwa 4 cm von der hinteren Unterkante des Häuschens entfernt sein. Als Nächstes fügen wir das Schüttbrett (9) in der oben geschilderten Weise ein. Dabei ist darauf zu achten, dass die Vorderkante genau mit der Vorderkante der Seitenbretter abschließt, damit die Vorderwand (4) am Ende genau passt. Um zu verhindern, dass Futter in den Spalt zwischen Schüttbrett und Vorderwand fällt, sollte die obere Kante des Schüttbretts abgeschrägt sein. Zuletzt schrauben wir noch das Sitzbrettchen (7) an die Vorderkante des Futtertischchens.

Ein solches Futtersilo bietet optimalen Schutz, eignet sich aber nicht für Vögel, die das Offene lieben.

Bau eines Holzfutterhäuschens mit Kunststoff-Futtersilo

Eine andere Möglichkeit, das Praktische mit dem Schönen zu verbinden, besteht in der **Kombination von Holz und Kunststoff.** Die im Handel erhältlichen Futtersilos aus Kunststoff sind zwar sehr funktionell, jedoch – milde ausgedrückt – ästhetisch nicht besonders ansprechend. Handwerklich geschickten Naturfreunden empfehle ich daher eine Kombination aus sichtbarer Holzkonstruktion mit einem nahezu unsichtbaren und auswechselbaren Futtersilo mit Futtertischchen aus Kunststoff.

Ich verwende seit Langem einen auch im deutschen Handel erhältlichen **»Birdfeeder«** aus Kunststoff der schwedischen Firma Hammarplast. Dieser Futtersilo besteht aus 4 Teilen: dem runden Futtertischchen (Durchmesser 23 cm), einer einsteckbaren Mittelsäule, dem durchsichtigen Futterbehälter und -spender (Fassungsvermögen etwa 2 Liter) und dem Dach. Der unten offene Futterspender wird durch 4 aus dem Futtertischchen ragende Stutzen im nötigen Abstand gehalten,

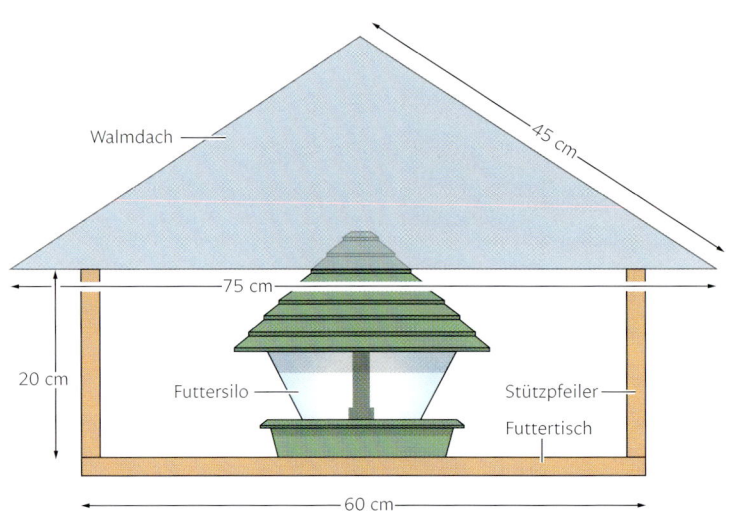

Walmdach

45 cm

75 cm

20 cm

Futtersilo

Stützpfeiler

Futtertisch

60 cm

Ein großes Futterhaus aus Holz mit einem handelsüblichen Silo aus Kunststoff ist eine einfache und praktische Lösung (vgl. Text).

nehmbar sein. Ein einfaches **Flachdach** hat den Vorteil, gleichzeitig die Funktion des Deckels für den eingekürzten Silo zu erfüllen, sodass das Rausnehmen und Reinstellen des Birdfeeders beim Nachfüllen keinerlei Schwierigkeiten macht.

Eine interessante Variante für den experimentierfreudigen Fütterer: Dimensionieren Sie Ihren »Futtertisch« (sei es als Massivfläche oder als Lattenrost) so groß, dass Sie **mehrere Silos** mit unterschiedlichem Futter aufstellen können.

sodass auch grobes Körnerfutter (Sonnenblumenkerne, Erdnüsse) ständig nachrutschen kann.

Für den Einbau in ein Futterhäuschen aus Holz kann man – je nach Konstruktion – auf das spitz nach oben zulaufende Kunststoffdach des »Birdfeeders« verzichten und die Mittelsäule auf die Höhe der Oberkante der Futterschüssel einkürzen. Damit ist der Futtersilo statt 27 cm (der größeren Version) nur noch halb so hoch. (Die kleinere Version ist mit Dach nur 18 cm hoch.) Allerdings muss dann für eine andere Abdeckung des Futters gesorgt werden. (Notfalls reicht ein Brettchen.)

Für die **Holzkonstruktion** gehen wir vom Grundprinzip aller Futterhäuschen aus: Tisch mit Dach. Von der Luxusvariante mit Walmdach aus 4 Dreiecken bis hin zum einfachen Flachdach oder leicht geneigten Pultdach ist alles möglich. Der durch die Walmdach-Konstruktion gegebene hohe Innenraum ermöglicht auch die Verwendung eines ungekürzten Birdfeeders (mit eigenem Dach). Zum Nachfüllen des Silos muss aber entweder das Dach des Vogelhäuschens zu öffnen oder der Silo leicht ent-

Als »Standbein« ihres Futterhäuschens empfehle ich ein Kantholz mit einer Stärke von etwa 7 × 7 cm, das unten nicht angespitzt in den Boden geschlagen wird, sondern in eine dieser praktischen Metallhülsen passt, die man ohne den Pfahl in den Boden schlägt. (In jedem Baumarkt erhältlich.) Dann können Sie die Hülse unauffällig stehen lassen, wenn Sie das Futterhaus einmal abbauen wollen. Höhe 150-200 cm.

Außerdem empfiehlt es sich, ans obere Ende des Pfahls 4 Winkeleisen zu schrauben, auf denen der »Futtertisch« (als

Unterlage für den oder die Birdfeeder) leicht und stabil mit
Schrauben zu befestigen ist.
Wenn Sie dafür Schloss-Schrau-
ben mit Flügelmuttern verwen-
den, können Sie das Häuschen
jederzeit leicht vom Pfahl trennen, was beim Verstauen von
Vorteil sein kann.

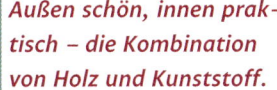

*Außen schön, innen prak-
tisch – die Kombination
von Holz und Kunststoff.*

**Dieses Futterhaus bietet zwei getrennte Silos für unterschiedliche
Körner(-mischungen).**

Kunststoff-Silos und Meisenknödel

Sie sind wahrlich nicht sonderlich schön, aber eben praktisch,
die **Futtersilos aus Kunststoff**
mit Untersatz und abnehmba-
rem Dach. Die können so viel
Futter aufnehmen (2–7 Liter),
dass auch bei lebhaftester
Nachfrage nur alle 2–7 Tage
nachgefüllt werden muss. Man
kann sie aufhängen oder auf einem Pfahl befestigen. Ein hüb-
scher Nebeneffekt: Vor allem
Spatzen und Grünfinken neigen
dazu, so heftig im Körnerge-
misch des schmalen Futter-
tisches nach ihren Lieblingskör-
nern zu suchen, dass sie dabei
ständig die Bodenfütterung mit
frischem Nachschub versorgen.

Wer wirklich hohen Futterver-
brauch und dazu handwerkli-
ches Geschick hat, kann sich
auch einen **Großsilo** bauen.
Dazu eignet sich ein Kunststoff-
eimer mit Deckel, dem man den
Boden abschneidet. Dieser
»Trichter« wird dann mit einem
großen Blumentopf-Untersatz
aus Kunststoff und einem in
dessen Mitte befestigten Rutsch-
kegel verbunden. Wobei der
Untersatz den Eimerrand allseits
etwa 3–4 cm überragen sollte.
Der Kegel hingegen muss vom
Eimerrand einen Abstand von
etwa 2 cm haben, damit auch
grobes Futter gut passieren
kann. Der Rand des Untersatzes
muss höher sein als der Unter-
rand des Eimers.

**Sehr praktisch und hygienisch
einwandfrei sind Futtersäulen aus
Plexiglas, die in verschiedenen
Größen angeboten werden.**

Praktisch, schlicht und platzsparend zu verstauen sind sogenannte **Futtersäulen,** zum Beispiel aus durchsichtigem Kunststoff, bei denen das Futter aus seitlichen Öffnungen von den Vögeln entnommen werden kann. Es gibt sie in den verschiedensten Größen (0,5–3,8 Liter) bei Spezialfirmen (z. B. bei der Firma Schwegler, siehe S. 93). Da vor jedem Futterloch

eine bequeme Sitzstange den Zugang erleichtert, werden diese Säulen nicht nur von Meisen, Kleibern und anderen Akrobaten, sondern auch von Spatzen, Finken, Staren usw. gern genutzt. Großer Vorteil: Das Futter kommt mit nichts anderem in Berührung (siehe Abb. S. 41).

Für **Erdnüsse** werden **Behälter aus Edelstahl-Geflecht** oder

Futterspiralen aus grün ummanteltem Draht angeboten. Diese Geräte können aufgehängt, auf einem Stab in den Gartenboden gesteckt oder mit Saugnäpfen am Fenster befestigt werden. Die Kundschaft solcher Erdnusskörbe beschränkt sich allerdings auf Picker und Hacker (Kohl- und Blaumeise, Kleiber, Specht). In Fachgeschäften und Supermärkten gibt es mit Erdnüssen gefüllte Kunststoffnetze, die den gleichen Zweck erfüllen. Die Firma Donath hat ein Erdnussnetz entwickelt, bei dem die Nüsse nur am unteren Ende entnommen werden können, während die obere, langsam nachrutschende Menge durch die Kunststoffumhüllung vor Regen geschützt ist.

Die altbewährten Meisenknödel werden keineswegs nur von Meisen frequentiert. Probieren Sie verschiedene Hersteller aus.

Die zu »Meisenknödeln« geformten Fett-Körner-Mischungen sind allgemein bekannt und beliebt. Sie stellen neben den darin enthaltenen Körnern eine der wichtigsten Methoden zur Verabreichung von Tierfetten dar. Von ihnen profitieren auch all jene Vogelarten, deren Schnäbel von zarterer Beschaffenheit sind (Rotkehlchen, Amsel, Zaunkönig, Baumläufer usw.). Allerdings scheint es da erhebliche Qualitätsunterschie-

de zu geben, was man leicht
daran feststellen kann, wie
rasch alternative Knödel zur
Neige gehen. Nach meinen Erfahrungen werden sogenannte
Meisenringe nicht so gerne angenommen. Ob das an der Form
oder am Inhalt liegt, kann ich
nicht sagen.

Die Firma Schwegler bietet für
Meisenknödel ohne Kunststoff-
netz – wie sie in guter Qualität
z. B. die Firma Donath herstellt
(auch über Schwegler zu beziehen) – **Halterungen aus grün
ummanteltem Draht** an: als
oben offenes Körbchen (auch für
Großknödel geeignet) und als
Spiralen. Nach meinen Erfahrungen wird das Körbchen der
Spirale deutlich vorgezogen.

Im Gegensatz zu Körnern und
Körner-Fett-Mischungen ist
spezielles **Weichfutter** in der
Regel ziemlich witterungsemp-
findlich; es sollte möglichst vor
Nässe und starker Besonnung
geschützt werden. Mit einem
Fassungsvermögen von 9 Litern
ist ein von Schwegler angebote-
nes **Weichfuttersilo** zwar nicht
billig, aber überall dort praktisch, wo nicht nur die übliche
Körnerfütterung mit beschränk-
tem Abnehmerkreis das Ziel ist.

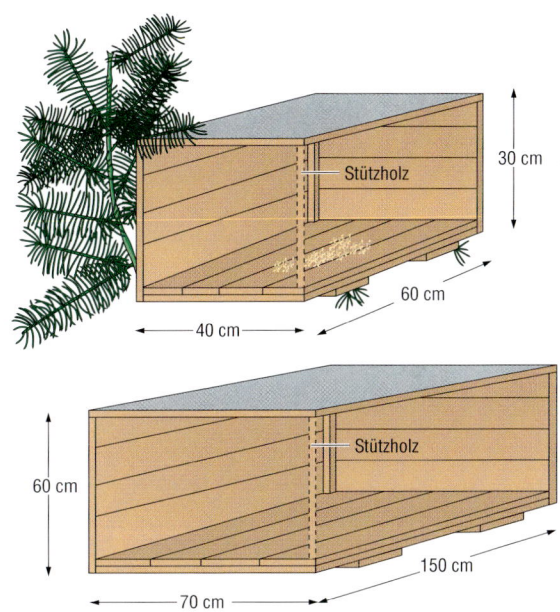

Eine gut geschützte Bodenschütte lässt sich leicht aus einer umgebauten Holzkiste basteln (oben für Singvögel, unten die größere Variante für Feldhühner).

Dieses Silo kann in Bodennähe
ebenso wie erhöht angebracht
und muss nur selten nachgefüllt
werden.

Bodenfütterung

Viele Körnerfresser (Finken und
Ammern) und die meisten
Weichfutterfresser **suchen ihr
Futter lieber am Boden**. Körner
kann man, wenn kein oder nur
wenig Schnee liegt, direkt auf
die Terrasse, auf den Rasen oder

unter Bäume und Büsche streu-
en; eine ganze Reihe von Vogelarten sucht sich die Körner lieber im Gewirr der Bodenpflanzen als auf nackten Flächen. Das
erwähnte Weichfuttersilo eignet
sich auch als Bodenfuttergerät
für Körnerfresser.

**Eine billige und einfache Kon-
struktion**, mit der sich Futter
am Boden vor Schnee schützen
lässt, ist ein größeres quadrati-
sches Brett (mindestens 1 × 1 m)
mit etwa 20–30 cm hohen Fü-

ßen; das ist besonders geeignet für Bodenfütterung auf Terrassen und Balkonen. Praktisch ist auch eine größere Holzkiste, bei der die zwei großen Seiten Boden und Dach bilden und von den vier kleinen Seiten zwei entfernt wurden – mit einer Stütze an der freien Kante (siehe Abbildung S. 43). Dies hat den Vorteil einer leicht sauber zu haltenden Futterfläche auch dort, wo kein fester Untergrund gegeben ist.

Allerdings nehmen nicht alle »Bodenvögel« solche Überdachungen gerne an, da sie gewohnt sind, ihre Umgebung und vor allem auch den Himmel ständig im Auge zu behalten und bei geringsten Störungen sofort abzufliegen. Beides wird ihnen durch ein Dach verwehrt oder zumindest erschwert. **Darum sollte der Abstand zwischen Dach und Boden möglichst groß sein**, was wiederum bedeutet, dass auch

die Bedachung größer sein muss, damit Niederschläge seitlich nicht zu sehr eindringen können.

Speziell für Parks und Forste wurden besondere größere Futtersilos entwickelt.

Der Markt bietet eine Vielzahl ausgeklügelter Futtergeräte, die so manch selbst gebasteltes Futterhäuschen alt aussehen lässt.

Vogeltränken und Sandbäder

Wie sehr Vögel auch im Winter Wasser brauchen, konnte ich kürzlich an einem sonnigen Januartag beobachten. Mittags war es so warm geworden, dass von einem Schuppendach Schmelzwasser in eine offenbar ziemlich verstopfte Dachrinne tropfte. Ich traute meinen Augen nicht, als ich einen regelrechten Andrang von Meisen, Kleibern, Buchfinken und Rotkehlchen feststellte, **die nicht nur trinken, sondern auch ein Bad nehmen wollten.**

Bei ganzjähriger Fütterung ist eine Vogeltränke – die immer auch als **Bad** dienen wird –

ohnehin ein absolutes Muss. In einem größeren Garten sollten auch mehrere Tränken vorkom-

Als Vogeltränke eignen sich die verschiedensten flachen Schalen.

men. Nicht zu nah an den Futterstellen freilich, da eine Mischung weder dem Futter noch dem Wasser gut bekommt.

Die Anschaffung von Vogeltränken bereitet keinerlei Probleme: Ich verwende die in allen Größen und Formen in Gartencentern erhältlichen **Blumentopfuntersätze,** die billig, unauffällig und leicht zu reinigen sind. Natürlich steht es jedem frei, aufwendigere, schönere und teurere Tränken aufzutreiben. Man kann sich sogar künstlerisch wertvolle Vogeltränken nach eigenen Vorstellungen bei einem (der oft recht brotlosen) Keramiker anfertigen lassen.

Wichtig ist nur, dass das Material nicht zu glatt, die Wassertiefe nicht mehr als 2–3 cm und der Rand niedrig oder zumindest an einer Seite abgeflacht ist. (Ob ein Gartenzwerg am Rand eines solchen Beckens für Vögel abschreckender ist als eine Madonna, wurde meines Wissens noch nicht wissenschaftlich untersucht.)

Und wenn wir schon flache Schalen im Garten verteilen, können wir auch gleich noch einige mit Sand füllen. **Viele Vögel lieben Sandbäder** genauso wie Wasserbäder. Dazu muss der Sand aber sehr feinkörnige Anteile haben, also richtig staub-

big sein. Und damit er schön stauben und ins Gefieder vordringen (und dort Parasiten das Leben schwer machen) kann, muss er »staubtrocken« sein, also möglichst im Schutz eines Dachüberstandes, an einem trocken-sonnigen Platz stehen. Ob die Sandbadfans unter den Vögeln auch kleine überdachte Sandwannen annehmen, müsste man ausprobieren.

> *Wasser und Sand sind für das Vogelleben an Fütterungen gewissermaßen das Salz in der Suppe.*

Der vogelfreundliche Garten

Ich sagte es bereits eingangs: Das Füttern von Vögel sollte immer nur die letzte einer ganzen Reihe von Maßnahmen zum Schutz und zur Förderung der Vögel sein. An erster Stelle steht immer die **Verbesserung der natürlichen Lebensbedingungen.** Ein auf Hochglanz polierter, mit dem Staubsauger gepflegter Garten bietet Vögeln weder Schutz noch Nahrung.

Ein Futterhaus wirkt hier wie ein Widerspruch.

Wenn Ihnen die Lebendigkeit einer vielfältigen Vogelwelt Mühen und Kosten wert sind, dann sollten Sie an erster Stelle dafür sorgen, dass es in Ihrem Garten möglichst viel **große Bäume, dichtes Gebüsch und eine nahrhafte Streuschicht** aus Laub und anderen Pflanzenresten darunter

gibt. In dieser verrottenden Streuschicht finden die Vögel das ganze Jahr über, also auch im Winter, die Art von Nahrung, die wir ihnen am Futterhaus gar nicht bieten können: Spinnen, Milben, Würmer, Tausendfüßer, Insekten und deren Larven. Zusätzlich **sollten beerentragende Sträucher und samentragende Stauden** das Nahrungsangebot des Gartens bereichern.

Pflanzen, deren Samen als Vogelfutter besonders geeignet sind:

a) Kleinsamige Pflanzen:
Hirse, Ramtil (Negersaat), Mohn, Lein, Rübsen, Distel, Klette, Vogelmiere, Nacht-kerze, Ampfer, Melde, Knöte-rich, Wegerich, Hirtentäschel, Löwenzahn, Wildgräser, Koni-feren (Fichte, Tanne, Kiefer), Erle, Birke.

b) Größersamige Pflanzen:
Nüsse, Getreide (Weizen, Ha-fer, Gerste, Roggen), Kürbis, Melone, Buche.

c) Pflanzen mit mehlhaltigen Samen: Mais, Getreide, Gras-samen, Kanariensaat (Spitz-saat), Hirse, Buchweizen.

d) Pflanzen mit ölhaltigen Samen: Sonnenblumenkerne, Hanf, Raps, Leinsamen, Negersaat, Rübsen, Zichorie, Sesam, Kürbiskerne, Soja, Nüsse, Kardi (Artischocken-samen).

Stieglitze fressen gerne feinste Samen, wie die von Disteln; Amseln und andere Drosseln lieben Beeren und frostweiches Obst.

Echter Vogelschutz geht weit über Vogelfütterungen und Nistkästen hinaus. Einen Garten in ein Vogelparadies zu verwandeln ist eine eben-so reizvolle wie anspruchs-volle Aufgabe.

Schließlich sind Stein- und Rei-sighaufen, Naturmauern und Holzstöße begehrte **Verstecke** (und Nahrungsquellen) nicht nur für kalte Tage, sondern auch als Nistgelegenheiten. Dass Katzen im Garten dem Vogelleben nicht eben förderlich sind, dürfte be-kannt sein. Aber auch Hunde, selbst wenn sie Vögeln nicht aktiv nachstellen, machen einen Garten nicht eben attraktiver für Amsel, Drossel, Fink und Star.

Einen Garten allgemein vogelfreundlicher zu gestalten, ist nicht so schwer, wenn man bereit ist, von der Natur zu lernen und sich in die Bedürfnisse von Vögeln einzufühlen oder einzudenken. Etwas schwieriger wird es, wenn wir nicht nur Vogelleben im Allgemeinen, sondern **ganz bestimmte Vogelarten fördern** wollen. Dann werden wir vernünftigerweise deren speziellen Bedürfnissen und Gewohnheiten möglichst weit entgegenkommen. Dazu gehört aber auch die Kenntnis der individuellen Anpassungs- und Lernfähigkeit. Manche Vögel stellen so spezielle Ansprüche – bestimmte Sämereien in bestimmtem Reifegrad oder bestimmte Insekten oder morsches Holz oder nasse Böden –, dass wir sie kaum erfüllen können. Die meisten der potenziellen Gartenvögel haben aber glücklicherweise ein recht breites Nahrungs- und Habitatspektrum.

Das soll Sie ermutigen, selbst zu entscheiden, was Sie für Ihre Vögel im Garten tun wollen. **Selbst zu experimentieren, zu beobachten, nachzudenken,** selbst herauszufinden, welche Maßnahmen welche Wirkungen haben. Die Natur ist viel zu komplex, als dass man für das Zusammenspiel zwischen Lebensraum und Organismen feste Anleitungen geben könnte. Schließlich ist auch jeder Garten mit seinem Umfeld ein Einzelfall, für den allgemeine Regeln nur begrenzt gelten können.

Wenn ich mit diesem Buch versuche, einige allgemeine Anregungen zu geben, so nur, um gemachte Erfahrungen weiterzugeben und Ihnen damit unnötig lange Lernprozesse und Umwege und den Vögeln echte Nachteile aus Unwissenheit zu ersparen. Die Hauptaufgabe liegt bei Ihnen. Setzen Sie Verstand und Gefühl gleichermaßen ein!

Ein Garten mit Bäumen, dichtem Gebüsch und staudenreicher Wiese ist nicht nur für Vögel von großer Anziehungskraft.

Erklärungen zum Artenteil

Die Beschreibungen der für Fütterungen relevanten Vogelarten im zweiten Teil dieses Buches sind gegliedert in »Aussehen«, »Stimme/Verhalten«, »Vorkommen«, »Nahrung« und »Fütterung«. Zu Beginn der Texte wird der Status des Vorkommens in Mitteleuropa angegeben, ein Hinweis auf das jahreszeitliche Vorkommen der Art. Dabei werden folgende Begriffe verwendet:

- **Standvogel**: Arten, die ganzjährig im Bereich ihres Brutorts anzutreffen sind. Dazu gehören Türkentaube, Buntspecht, Zaunkönig, viele Meisen, Kleiber, Baumläufer, die

Sperlinge, Buchfink, Grünfink, Gimpel – auch etliche der Vögel der Feldfluren und Gewässer. Wie so oft in der Biologie gilt aber auch hier: Keine Regel ohne Ausnahmen. Wenn etwa in schneereichen Wintern die Nahrungssituation brenzlig wird, begeben sich auch sehr ortstreue Vögel auf Wanderschaft. Zumindest streichen sie in der weiteren Umgebung herum, wobei keineswegs die üblichen Zugrichtungen eingehalten werden. Dieses nach allen Richtungen Herumstreifen ist übrigens auch für viele Jungvögel charakteristisch und

dient der Erschließung neuer Lebensräume.

- **Strichvogel**: Arten, die außerhalb der Brutzeit weiter herumstreichen, meist ohne bestimmte Richtungen einzuhalten. Der Übergang vom Stand- zum Strichvogel ist also durchaus ein fließender. Manche Arten, Populationen (Teilbevölkerungen im Gesamtareal der Art) oder Individuen neigen mehr, manche weniger zum Herumzigeunern. Flexibles Reagieren auf wechselnde Situationen ist viel häufiger als stures Beharren auf der einen oder anderen Verhaltensweise. Wobei nicht nur Wetter und Nahrungsangebot aus dem Standvogel einen Strichvogel machen können, sondern auch der Zufall, auf einen »mitreißenden« Schwarm zu treffen.

- **Teilzieher** nennt man solche Arten, bei denen Teile der betrachteten Population hormonell gesteuert und gerichtet ziehen (im Herbst nach Süden oder Westen, im Früh-

Buchfinken gehören zu den Teilziehern; es überwintern mehr Männchen als Weibchen.

jahr umgekehrt), andere Teile sich aber mehr oder weniger wie Stand- oder Strichvögel verhalten. In Kontinentaleuropa sind häufig die nördlicheren und östlicheren Populationen Zugvögel, während die weiter westlich lebenden Vertreter der Art am Ort bleiben oder erst bei schlechten Bedingungen abziehen. Darum ist es meist schwierig zu beurteilen, ob ein Buchfink oder ein Rotkehlchen am winterlichen Futterplatz zu den Ansässigen oder zu den nordischen Gästen gehört.

- **Kurzstreckenzieher**: Viele Vögel, die uns im Herbst verlassen, wandern »gemütlich« und gewissermaßen von Busch zu Busch in allgemein südwestlicher Richtung. Manchen genügen schon die wärmere Verhältnisse des Oberrheintals oder die atlantischen Winter der Küsten, um hier dem kontinentalen Frost und Nahrungsmangel zu entgehen. Zu diesen Arten gehören alle jene, die im Frühjahr besonders zeitig wieder zurück sind: Ringeltaube, Feldlerche, Heckenbraunelle, Hausrotschwanz, Wacholder-

drossel, Singdrossel, Mönchsgrasmücke, Star und Stieglitz.

- **Langstreckenzieher**: Das sind die typischen Zugvögel, die den Winter nicht nur in Frankreich, Spanien oder Italien verbringen, sondern mindestens bis Nordafrika ziehen, oft aber bis in die nahrhafteren Landschaften südlich der Sahara. Um solche Strecken zurückzulegen, genügt es auch nicht mehr, von Busch zu Busch zu bummeln. Die meisten Langstreckenzieher legen im Nonstopflug – tags oder nachts – beeindruckende Strecken zurück, wobei auch das Mittelmeer (zumindest an seinen schmaleren Stellen) und die Sahara ohne Rast überquert werden. Da es sich bei diesen Vogelarten um reine Insektenfresser handelt, wird man sie allenfalls ganz ausnahmsweise einmal am winterlichen Futterplatz antreffen.

Die **Reihenfolge**, in der die Vogelarten im Folgenden vorgestellt werden, entspricht der wissenschaftlichen Systematik, wonach verwandte Arten zu Familien zusammengefasst und die Familien nach aufsteigender Entwick-

Stare sind Kurzstreckenzieher, die früh wieder heimkehren.

lungshöhe gereiht werden. Da die Sing- oder Sperlingsvögel zu den höchst entwickelten Arten gezählt werden, gehen ihnen voraus die Nichtsingvögel, an deren Anfang etliche Wasservogelgruppen und an deren Ende jene Arten stehen, die der Laie ohnehin meist schon zu den Singvögeln zählt: Tauben, Kuckucke, Segler und Spechte.

Da mir zum Thema der Vogelfütterung die Gartenvögel wichtiger erschienen als die Arten der Feldflur und der Gewässer, habe ich die beiden letzten Gruppen ans Ende der Artbeschreibungen gestellt, obwohl ihre Arten systematisch zum größten Teil vor die Singvögel der Gärten gehörten.

Türkentaube
Streptopelia decaocto

Stand- und Strichvogel.
Aussehen: Kleiner und schlanker als Haustaube, fast ganz sandbraun mit schwarzem Nackenband und dunklen Flügelspitzen. Der lange schmale Schwanz zeigt im Flug von unten eine schwarze Basis und weiße Endbinde. Füße schmutzig-rosa, Schnabel schwarz.
Stimme/Verhalten: Ihr Gesang ist ein 3-silbiges »gu-guh gu« (Betonung meist auf 2. Silbe). Die ständigen Wiederholungen können einem auf die Nerven gehen. Außerdem ein heiser heulendes »chräh«. Bereits im März vertreiben die Männchen Rivalen, und die Wintertrupps lösen sich auf. Zur (fast ganzjährigen) Brutzeit werden auffällige Balz- und Revierflüge vollführt. Das flache Reisignest wird bevorzugt in Zierkoniferen, aber auch an Gebäuden gebaut. In 2–4 Bruten legt das Weibchen zwischen März und September je 2 weiße Eier, die von beiden Partnern 13–14 Tage bebrütet werden. Die Jungen sind mit knapp 3 Wochen flügge.
Vorkommen: Heute in weiten Teilen Europas verbreitet (außer Spanien, Süditalien und dem

nördlichsten Skandinavien). Hat weite Teile dieses Areals von Südosten aus erst in den letzten Jahrzehnten erobert. Lebt fast ausschließlich in menschlichen Siedlungen. Die Bestände halten sich gut oder nehmen zu, sodass eine Förderung nicht nötig erscheint.
Nahrung: Samen, Früchte, Grünzeug – häufig auch Hühnerfutter. Mit ihrem derben Kropf und Magen verkraften sie auch harte Kost.

⊙ Fütterung

Da alle Tauben ihre Nahrung fast ausschließlich am Boden suchen, kommen Türkentauben nur an Fütterungen, wo viele Körner zu Boden fallen, oder an spezielle, möglichst offene oder nicht zu niedrig überdachte Bodenfütterungen. Sie verzehren alle möglichen Körner und Sämereien, selbst ungeschälte Sonnenblumenkerne. Billiger ist es aber, wenn man sie mit Hühnerfutter füttert.

Buntspecht

Dendrocopos major

Stand- und Strichvogel.

Aussehen: Etwa so groß wie die Amsel. Dieser auffallend schwarz-weiß-rote Specht kann mit ähnlich gefärbten Spechten verwechselt werden. Zu achten ist auf die x-förmige schwarze Zeichnung an den Kopfseiten, auf die ungestrichelten Bauchseiten, auf das rötliche Unterschwanzgefieder, den von oben bis unten schwarzen Rücken und auf den nur kleinen roten Nackenfleck beim Männchen; beim Weibchen fehlt Rot am Kopf, die Jungen besitzen (ähnlich den Männchen von Mittel- und Kleinspecht) eine ganz rote Kopfplatte.

Stimme/Verhalten: Häufiger Ruf ein scharfes »kick«, in Erregung gereiht. Bei Beunruhigung hört man schnelle, schimpfende »tschret-tschret-tschret . . .«- Reihen. Die Männchen trommeln im Frühjahr viel, wobei ein Wirbel höchstens 1 sec. dauert. Fast alle anderen Spechte trommeln länger. Die Weibchen trommeln noch kürzer. Von den Jungvögeln hört man aus der Bruthöhle oder vom Eingang ziemlich laute Bettelrufe, lange »wiwiwiwiwi . . .«-Reihen. Ob-

wohl sich Spechte oft für Nistkästen interessieren und durch Hacken am Einschlupf auch Schaden anrichten können, bevorzugen sie für ihre Brut selbst gezimmerte Höhlen. Die Weibchen beginnen im April/Mai zu legen. Die 5-7 weißen Eier (26 × 19 mm) werden 10-12 Tage hauptsächlich vom Männchen bebrütet. Nach 20-23 Tagen fliegen die Jungen aus.

Vorkommen: Ganz Europa. Bei uns ist der Buntspecht der häufigste Specht, der überall vorkommen kann, wo es Bäume gibt, auch in Siedlungen und am Futterhaus. Wie alle Spechte braucht der Buntspecht tote Äste und Stämme. Im (stehenden) Totholz findet er seine Hauptnahrung, und nur in morschen

Stämmen kann er seine Höhlen bauen. Lassen Sie also wo immer möglich morsches Holz stehen.

Nahrung: Im Sommer vor allem holzbewohnende und frei lebende Insekten, im Winter mehr Samen, die er sich geschickt aus Zapfen holt.

Bachstelze
Motacilla alba

Stand- und Strichvogel.

Aussehen: Eine langschwänzige, schwarz-weiß-graue Stelze, die auch fernab vom Wasser vorkommt. Das Männchen ist im Prachtkleid durch die tiefschwarze Kehle und Hinterkopfplatte gekennzeichnet. Auch in den weniger markanten Schlicht-, Weibchen- und Jugendkleidern ist die Art kaum zu verwechseln. Wie alle Stelzen wippen die Vögel ständig mit dem Schwanz und fliegen sehr wellenförmig. Die beiden anderen heimischen Stelzen – **Schafstelze** und **Gebirgsstelze** – tragen in allen Kleidern mehr oder weniger kräftiges Gelb.

Stimme/Verhalten: Häufige Rufe »zip« oder »zilip«. Der Gesang besteht aus einer zwitschernden Folge von Rufelementen, wird auch im Flug gebracht, wenn Eindringlinge verfolgt werden. Das Nest wird in Mauerlöchern, auf Balken, unter Ziegeln (gern in alten Schuppen) errichtet. Meist 2 Bruten zwischen April und August. Die 5-6 spindelförmigen Eier (20 × 17 mm) sind auf hellgrauem Grund gleichmäßig und fein mit grauen Punkten übersät. Sie werden 12-14 Tage hauptsächlich vom Weibchen bebrütet. Die Jungen verlassen mit 13-16 Tagen das Nest.

Vorkommen: In ganz Europa häufig. Bei uns besiedeln Bachstelzen viele offene Landschaften sowie Dörfer und sogar Städte; die Nähe zum Wasser wird bevorzugt, spielt aber keine entscheidende Rolle.

Nahrung: Insekten und andere Kleintiere, die vom Boden, vom Wasser und aus der Luft aufgenommen werden.

◉ Fütterung

Bachstelzen gehören zu den wenigen heimischen Vogelarten, die sich ganzjährig von Insekten ernähren, aber auch in kälteren Regionen oft den Winter durchstehen. Das ist allerdings nur an eisfreien Gewässern möglich, wo immer im Spülsaum kleine Mücken, Flohkrebse und dergleichen zu finden sind. Eine Fütterung ist also nur mit speziellem Weichfresserfutter für Insektenfresser möglich. Und das sollte auch dort ausgestreut werden, wo die Vögel im Winter nach Nahrung suchen, also an Ufern. An Futterstellen im Garten kommen Bachstelzen wohl nur in der Übergangszeit, also im Spätwinter, wenn sie von den Gewässern schon wieder auf Felder und Wiesen »umgezogen« sind. Dann picken sie auch kleine Krumen oder Haferflocken auf.

rende, ziemlich leise Ruf ist ein hohes schwirrendes »sirr« oder »srii«. Das Lied setzt sich aus lockeren hohen Tönen zusammen und ist bei uns eher selten zu hören.

Vorkommen: Brutvogel in Nord- und Nordosteuropa. Lebt in Wäldern, meist in Wassernähe. Während seiner Besuche in Mitteleuropa hauptsächlich in Park- und Waldgebieten, auch in Gärten zu finden, bevorzugt dort, wo früchte- oder beerentragende Sträucher und Obstbäume gute Nahrungsmöglichkeiten versprechen.

Nahrung: Im Sommer Insekten, im Winter und Herbst Beeren und Mistelfrüchte, auch frostweiches, hängen gebliebenes Obst und Fallobst.

Seidenschwanz
Bombycilla garrulus

Nicht alljährlicher, manchmal aber zahlreicher Wintergast von Oktober bis März.

Aussehen: Ein geselliger, aus der Nähe bemerkenswert bunter Vogel von der Größe eines Stares, mit dem er vor allem im Flug eine gewisse Ähnlichkeit hat. Auffallend ist die schwarze Gesichtsmaske, die sich vorne bis zum Kinn und Kehllatz und nach hinten unter der aufrichtbaren Federhaube fortsetzt, nur durch die weiße Linie, die sich von der Schnabelbasis ausbreitet, getrennt. Kurzer Schwanz, am Ende mit einem breiten, kräftig gelben Band. Die rote Flügelzeichnung besteht aus Hornplättchen. Bei der Nahrungssuche klettern Seidenschwänze akrobatisch im Gebüsch herum.

Stimme/Verhalten: Der im Flug oder Sitzen häufig zu hö-

⊙ Fütterung

Mit Körnern fangen Seidenschwänze nicht viel an. Auch ist nicht bekannt, dass sie an Fett (Meisenknödel) gehen. Darum kann man die schönen Vögeln nur mit beerentragenden Sträuchern und frostweichem Obst in den Garten locken. Schon Rosinen sind ihnen eigentlich zu hart und trocken. Ein Trupp der wenig scheuen Vögel im Garten ist jedenfalls ein ganz besonderes Erlebnis.

Zaunkönig
Troglodytes troglodytes

Jahresvogel und Teilzieher.
Aussehen: Ein sehr kleiner, rundlicher Vogel mit fast stets gestelztem kurzen Schwanz. Männchen und Weibchen sehen gleich aus. Kann leicht mit einer Maus verwechselt werden, wenn er dicht am Boden durch die Vegetation huscht.
Stimme/Verhalten: Man kann den lauten Gesang das ganze Jahr über (wenn auch im Winter nur an sonnig-warmen Tagen) hören: eine schmetternde Strophe mit tieferem Roller. An Rufen lässt er ein hartes »tek tek«

Fütterung

Der Zaunkönig gehört (wie die Bachstelze) zu den ganzjährigen Insektenfressern, die dennoch auch den Winter überstehen. Was Bachstelzen im Winter an Ufersäumen finden, das sucht der Zaunkönig in Mauerritzen, Erdlöchern, Rindenspalten. Auf Sämereien greift er nur zur Not zurück. Darum sollten wir den kleinen Vögeln mit dem großen Namen Fett und spezielles Insektenfresserfutter anbieten, am besten in kleinen Portionen unter eine dichte Hecke gestreut oder aus bodennahem Weichfuttersilo.

und bei Erregung auch ein schnurrendes »trrrt« hören. – Ein häufig vorkommender Einzelgänger, der sich gern im bodennahen Dickicht und zwischen Wurzeln bewegt. Fliegend legt er nur kurze Strecken zurück. – Etwas oberhalb des Bodens, besonders gern in den Wurzeln umgefallener Bäume, in Mauernischen oder Erdlöchern errichtet das Männchen ein kugelförmiges Nest mit seitlichem Eingang; oft bauen die Männchen mehrere Nester für mehrere Weibchen. Die Brutperiode beginnt Ende April; meist 2 Bruten. Das Weibchen legt 5–6 weiße Eier (16 × 12 mm) mit kleinen schwarzen oder braunen Punkten. Das Weibchen brütet 14–16 Tage. Die Jungen verlassen nach 15–17 Tagen das Nest und werden von beiden Eltern gefüttert.
Vorkommen: Ganz Europa häufig in ihm entsprechenden Lebensräumen, außer im hohen Norden. Bewohnt unterholzreiche Wälder, Gebüsch, Staudengestrüpp, besonders gern in Wassernähe; von der Tiefebene bis ins Hochgebirge.
Nahrung: Insekten, deren Larven und Eier sowie Spinnen, Weberknechte und andere Kleintiere.

Rotkehlchen
Erithacus rubecula

Teil- und Kurzstreckenzieher, zunehmend Standvogel.

Aussehen: Was die meisten Menschen beim Anblick eines Rotkehlchens in Entzücken versetzt, sind nicht nur die großen schwarzen Augen des Dämmerungsvogels. Auch die rundliche Gestalt, die aufrechte Haltung, die ruhige und doch muntere Wesensart und vor allem ihre Zutraulichkeit machen Rotkehlchen so beliebt. Im Übrigen sehen Männchen und Weibchen gleich aus, wogegen die Jungvögel ein schuppig hellbraunes Federkleid tragen.

Stimme/Verhalten: Merkwürdigerweise ist der Gesang dieses populären Vogel nur wenigen Menschen bekannt, dieses liebliche, stotternd perlende Lied, das man sogar an lauen Winter-

nachmittagen hören kann. Sehr typisch sind auch die Warnrufe (»zip«), die sich bei Erregung zum »Schnickern« steigern. Dass Rotkehlchen zunehmend bei uns überwintern, hängt wohl nicht nur mit der Klimaerwärmung, sondern auch mit der immer verbreiteteren Winterfütterung zusammen.

Vorkommen: Unterholzreiche Wälder und Waldränder, Feldgehölze, Hecken, Gärten und Parks. Der Boden sollte mög-

lichst feucht und humusreich sein, weswegen Wassernähe bevorzugt wird. Rotkehlchen suchen am liebsten im alten Laub unter Gebüsch nach den dort reichlich vorkommenden Kleintieren und Sämereien. Also sorgen Sie für dichtes Gebüsch in Ihrem Garten und lassen Sie im Herbst zumindest unter Hecken, Gebüsch und Bäumen alles Laub liegen. Bieten Sie außerdem mit Reisighaufen, Natursteinmauern und Holzstößen Zwischenräume als Nistplätze und sorgen Sie dafür, dass nicht Katzen alle Ihre Anstrengungen zunichte machen: Rotkehlchen fallen ihnen besonders häufig zum Opfer.

Nahrung: Kleinere Insekten und deren Larven (die Jungen werden hauptsächlich mit Raupen gefüttert), Bodentiere wie Asseln und Würmer. Im Winter auch vegetarische Nahrung.

⊙ Fütterung

An überdachten Bodenfutterstellen oder unter Sträuchern und Hecken gibt man fertiges Weichfresserfutter oder geschabtes Trockenfleisch, kleingehackte Dörrbeeren, feine Sämereien, zarte, in Öl getränkte Haferflocken und lebende Mehlwürmer. Da Weichfutter in Feuchtigkeit rasch verdirbt, streut man nur ganz wenig ins Gras oder alte Laub, auf den blanken Boden oder auf Steinplatten. Besser füttert man in kleinen Portionen in einem Schälchen oder verwendet einen Futterautomaten für Weichfutter, der in Bodennähe aufgestellt wird.

Hausrotschwanz
Phoenicurus ochruros

Kurzstreckenzieher (März bis Nov.).

Aussehen: Durch längeren Schwanz etwas größer als Spatz. Kennzeichnend (für beide Rotschwanz-Arten) ist das Zittern mit dem rostroten Schwanz sowie häufiges Knicksen. Das Männchen des Hausrotschwanzes ist schiefergrau, an Brust, Kehle und Gesicht sehr dunkel, fast schwarz. Ältere Männchen tragen einen deutlichen weißen Flügelspiegel. Die Färbung der Weibchen und Jungen ist graubraun, im Gegensatz zum **Gartenrotschwanz** unterseits dunkler, Junge auf der Brust weniger deutlich gefleckt.

Stimme/Verhalten: Rufe kurz »tsip«, auch »wied-tek-tek« (ähnlich Gartenrotschwanz, aber härter). Der Gesang besteht aus gepressten, fast lautlosen Tönen und wird oft mit 4-5 Lauten auf gleicher Höhe eingeleitet: »jirr tititi . . .«, er ist auch nachts und vor allem sehr früh morgens zu hören; oft auch Herbstgesang. – Sitzt und singt gerne auf Dachfirsten und Antennen. Bei der Nahrungssuche auch am Boden. – Das Nest wird allein vom Weibchen auf Mauervorsprüngen, in Felsspalten, Nischen, unter Dächern oder auf Balken gebaut, gern in Rohbauten und auch in Halbhöhlen-Nistkästen. Eiablage ab Anfang April; 2-3 Bruten im Jahr. 5-7 weiße Eier (19 × 14 mm). Das Weibchen brütet 12-14 Tage lang, dann werden die Jungen 12-17 Tage von den Eltern im Nest und auch noch einige Tage nach dem Ausfliegen gefüttert.

Vorkommen: Bei uns verbreiteter häufiger Brutvogel. Ursprünglich Felsbewohner, dies auch heute noch in Steinbrüchen und im Gebirge bis weit über die Baumgrenze. Ansonsten ist der Hausrotschwanz (wie der Name sagt) zum Kulturfolger und Bewohner von Gebäuden, auch mitten in der Stadt, geworden. In milden Wintern überwintern einzelne Vögel in den Brutgebieten. Auf dem Durchzug genügen ihm Äcker oder Ödland.

Nahrung: In der Regel Insekten und Spinnen, manchmal auch Beeren.

⦿ Fütterung

Der Hausrotschwanz wird wohl nur ausnahmsweise an Gartenfütterungen kommen. Wenn er an Hauswänden, unter Dächern und auf Misthaufen keine Insektennahrung mehr findet, macht er sich lieber aus dem Staub, als dass er auf Beeren oder gar Sämereien zurückgriffe. Mit speziellem Insektenfutter kann man ihm in Notzeiten aber sicher Gutes tun – vorausgesetzt, er findet das Angebot.

Amsel
Turdus merula

Teilzieher; Standvogel in Städten, sonst Strich- und Zugvogel.

Aussehen: Die alten Männchen sind im Brutkleid dunkelbraun bis fast schwarz mit leuchtend orangegelbem Schnabel und Augenring. Die Weibchen tragen Erdbraun mit undeutlicher Musterung, oft mit hellgrauer Kehle und braunem bis gelblichem Schnabel.

Stimme/Verhalten: Warnrufe ein lautes zeterndes »tschik-tschik-tschik«, oder weichere »djuk«- oder »tsieh«-Rufe, wenn sich Bodenfeinde in der Nähe befinden. Der sehr wohltönende und bei alten Männchen auch fantasievolle Gesang wird getragen vorgebracht. Die Amsel gehört zu unseren besten Sängern. Ihren Gesang kann man schon gegen Ende des Winters vernehmen; er wird meist von erhöhter Warte aus vorgetragen. Nahrungssuche am Boden. – Das ziemlich große Nest wird aus Halmen gebaut, meist mit Erde ausgekleidet und mit weichen Grashalmen gepolstert. Man findet es auf Bäumen, Büschen, Kletterpflanzen genauso gut wie unter Hausgiebeln, auf Mauervorsprüngen oder Holzstößen. Die Eiablage beginnt oft schon im März; bis in den August hinein finden 3 Bruten oder auch mehr statt. Die 5-6 (29 × 22 mm) Eier sind lindgrün bis bläulich mit dichter, brauner Sprenkelung. Meistens brütet das Weibchen 14 Tage lang; beide Partner füttern die Jungvogel 14 Tage im Nest, und auch anschließend werden sie noch bis zu 3 Wochen von den Eltern betreut.

Vorkommen: Häufiger Brutvogel in ganz Europa außer dem hohen Norden. Bei uns weit verbreitet und überall häufig, im Gebirge bis in die montane Bergwaldstufe. Früher war die Amsel in Mitteleuropa ein reiner Waldvogel. Erst im Verlauf der letzten 200 Jahre hat sie auch die Dörfer und Städte mit ihren Gärten und Parks als Lebensraum erobert. Hier kommen ihr die gemähten Rasenflächen ebenso wie Futterplätze und Abfälle als Nahrungsgrundlage zugute.

Nahrung: In der wärmeren Jahreszeit hauptsächlich kleinere Bodentiere; im Spätsommer und Herbst Beeren oder Früchte, z. B. Kirschen, Johannisbeeren, Eberesche und Holunder.

⦿ Fütterung

Im Winter ernähren sich Amseln auch von Sämereien und können mit geschroteten Erdnüssen, Haferflocken, Fett, Rosinen und sogar härteren Samen an Futterstellen gelockt und gebunden werden.

Wacholderdrossel
Turdus pilaris

Teilzieher (März bis Nov.) und Wintergast von Okt. bis März.
Aussehen: Nur wenig größer als Amsel, Kopf und Bürzel grau, Rücken und Flügel mittelbraun, Schwanz schwarz.
Stimme/Verhalten: Schäckernde »schack-schack-schack«-Rufe, harter, schnarrender Alarmruf »terr terr« oder weich »zri«. Kratzend-zwitschernder Gesang, meist im Flug zu hören, manchmal auch von Baumwipfeln, nicht sehr laut. Wacholderdrosseln sind überaus gesellig, selten sieht man eine allein. Sie brüten auch in größeren oder kleineren Kolonien und treten im Winterhalbjahr häufig

Fütterung

Mit Körnern und Sämereien wollen Wacholderdrosseln nichts zu tun haben. Im Winterhalbjahr kann man sie aber mit frostweichen Äpfeln und Beeren scharenweise anlocken – sofern sie nicht bereits in wärmere Regionen abgewandert sind. Häufig halten sich auch Rotdrosseln aus Nordosteuropa in den Schwärmen auf; sie sind kleiner und haben rostrote Flanken.

in großen Schwärmen auf. Gegenüber Nestfeinden verhalten sie sich äußerst aggressiv und attackieren sogar größere Greifvögel im Sturzflug, wobei sie dünnflüssigen Kot über den Störenfried spritzen, manchmal mit vereinten Kräften in solchen Mengen, dass die Angegriffenen nicht mehr flugfähig sind. Nest in großen Astgabeln, Nestmulde mit Lehm (wie Singdrossel), aber darüber gepolstert. Legezeit beginnt im Mai; häufig 2 Bruten. 4-6 Eier (28 × 21 mm), rötliche Zeichnung auf grünlichblauem Grund. Das

Weibchen brütet 14 Tage. Die Eltern versorgen weitere 2 Wochen die Jungen im Nest.
Vorkommen: Von Nord- und Osteuropa bis Mitteleuropa, fehlt im Westen und Süden, das Brutgebiet wird aber ausgedehnt. Bei uns verbreiteter, aber nicht überall häufiger Brutvogel. Nistet in Feldgehölzen, an Lichtungen und Waldrändern, ist auch in Gärten oder Parks zu finden.
Nahrung: Schnecken, Würmer, Insekten, ab Spätsommer auch Beeren und Fallobst, worüber sie oft in Scharen herfallen.

Eiablage beginnt im April; in der Regel 2 Bruten jährlich, manchmal auch 3. Die 4-6 Eier (27 × 20 mm) sind leuchtend hellblau mit wenigen, kleinen dunklen Tupfen. Meist brütet das Weibchen 13-14 Tage lang alleine; Männchen und Weibchen füttern die Jungvögel dann noch 12-16 Tage im Nest.

Vorkommen: Bei uns weit verbreitet und in Wäldern und baumreichen Landschaften häufig. Einzelne Exemplare überwintern in Gegenden mit mildem Klima. Geeigneten Lebensraum findet sie in lichten Wäldern, Parkanlagen und Gärten. Die Zuwanderung vom Wald in die Siedlung fand erst im 20. Jahrhundert statt.

Nahrung: Insekten, Würmer, Schnecken (Gehäuseschnecken werden in sogenannten Drosselschmieden aufgeklopft), ab Spätsommer vor allem Beeren.

Singdrossel

Turdus philomelos

Teilzieher (Feb. bis Nov.).

Aussehen: Die Singdrossel ist etwas kleiner als die Amsel, schlank, mit recht langen Flügeln. Die Oberseite einschließlich Schwanz ist einheitlich braun, die rahmfarbene Unterseite mit dunkelbraunen Flecken übersät. Die gelbliche Färbung der Unterflügel ist im Flug ein gutes Unterscheidungsmerkmal gegenüber der **Misteldrossel** mit weißen Unterflügeln. Undeutlicher heller Überaugenstreif.

Stimme/Verhalten: Typischer Flugruf ist ein kurzes, feines »zipp«, das vor allem auf dem Zug nachts zu hören ist. Bei Gefahr »geckgeckgeck«, amselähnlich, aber nicht so zeternd. Der klangvolle, sehr kräftige Gesang besteht aus relativ kurzen Strophen, in denen ein Motiv meist mehrmals wiederholt wird. Das kräftige Lied wird meist vom Gipfel hoher Bäume aus vorgetragen. Im Übrigen halten sich Singdrosseln zur Nahrungssuche vor allem am Boden auf. Das napfförmige Nest wird meist nahe am Stamm von Bäumen oder Sträuchern befestigt. Es ist sehr solide und innen mit Holzmull und Lehm ausgestrichen. Die

⬤ Fütterung

Singdrosseln sind noch mehr als Wacholderdrosseln Kleintierfresser (wobei Regenwürmer zeitweise die Hauptnahrung bilden). Im Spätsommer werden sie ebenfalls (ähnlich Mönchsgrasmücke u. a.) zu Beerenliebhabern, können sich aber für frostweiche Äpfel nicht so begeistern wie Amsel und Wacholderdrossel. Auch die klebrigen Mistelbeeren, von denen die Misteldrosseln im Winter hauptsächlich leben, sagen ihnen nicht sonderlich zu. Darum kann man sie allenfalls mit Beeren und Insektenfresserfutter in den Garten locken.

Mönchsgrasmücke
Sylvia atricapilla

Kurzstreckenzieher (März bis
Ende Okt.).
Aussehen: Schlanker als Spatz
und mit dünnem Schnabel. Unsere häufigste Grasmücke. Der
Name Grasmücke kommt vom
Altdeutschen und heißt so viel
wie Grauschmiege (gra-smüg-
ge). Tatsächlich sind alle unsere
Grasmücken-Arten im Wesentlichen unscheinbar grau und
schlüpfen geschickt durchs
dichte Gebüsch oder Gestrüpp.
Für die Mönchsgrasmücke kennzeichnend ist beim Männchen
die schwarze, bei Weibchen und

 Fütterung

*Mönchsgrasmücken ziehen im
Herbst oft erst spät oder - in
wärmeren Gegenden - gar
nicht weg und kehren früh zurück. Das hängt damit zusammen, dass sie außerhalb der
Brutzeit mehr als alle anderen
Grasmücken vegetabile Nahrung (Beeren u. a. Früchte) zu
sich nehmen. Wenn allerdings
unzeitgemäßer Schnee fällt,
kann es zu Ernährungsproble-
men kommen. Dann besuchen
die Grasmücken auch Futterstellen, wenn man ihnen dort
Beeren, Fett und Weichfresserfutter zur Verfügung stellt.*

Jungvögeln die rostbraune Kopfkappe, die bis zum Oberrand
der Augen reicht. Die Unterseite
ist hellgrau bis weißlich, die
Oberseite etwas dunkler, wie
bei allen Grasmücken.
Stimme/Verhalten: Bei Gefahr
harte tonlose Rufe »tschäck
tschäck« oder »teck«, oftmals
wiederholt (hört sich an wie
gegeneinandergeschlagene Kie-
sel). Das Lied beginnt mit lei-
sem, zaghaftem Zwitschern und
geht dann in einen laut flöten-
den Motivgesang über. Aus größerer Entfernung ist meist nur
die jubelnde kurze Schlussstro-
phe zu hören. Das napfförmige
Nest wird meist niedriger als
1 m über dem Boden in Hecken,
Büschen und Kletterpflanzen
angelegt. Legezeit ist April bis

Mai/Juni; 1 Brut jährlich, aber
auch 2 Bruten kommen vor. Die
4-5 hellbraunen Eier (19 ×
14 mm) sind mit dunkelbraunen
Flecken gezeichnet. Beide Partner brüten 10-16 Tage, die Jungen werden etwa noch einmal
die gleiche Zeit im Nest versorgt.
Vorkommen: Brutvogel in ganz
Europa, außer im hohen Norden. Als Lebensraum werden
Laubwälder mit dichter, schüt-
zender Busch- und Krautvegeta-
tion bevorzugt; in unterholzar-
men Wäldern nistet die Art aber
auch in Bäumen – dann vor-
zugsweise in Fichten. Bei uns
häufig auch in Gärten und
Parks.
Nahrung: Insekten; im Spätsommer und Herbst auch Beeren.

Schwanzmeise
Aegithalos caudatus

Stand- und Strichvogel.

Aussehen: Körper wesentlich kleiner als Sperling, aber sehr langer Schwanz, schwarz mit weißen Außenfedern. Kopf weiß mit dunkelgrauem, breitem Band über dem Auge (die NO-europäische Rasse hat einen ganz weißen Kopf). Das Weiß der Unterseite ist zum Teil rötlich überhaucht.

Stimme/Verhalten: Im Flug ein kaum zu vernehmendes stimmloses »pt«, sonst ständig feine, hohe »tsi«- oder »si-si-si«-Laute oder tiefer »tserr«, »tsrr«. Das Lied ist ein unauffälliges Zwitschern. Turnt bei der Nahrungssuche akrobatisch im Geäst herum; ist sehr gesellig, meist in Familienverbänden oder kleinen Trupps anzutreffen. Bemerkenswert ist das kunstvoll gebaute, stabile Kugelnest mit seitlichem Eingang. Es wird in hohen Büschen oder Astgabeln von Bäumen eingeflochten. Als Baumaterial verwendet die Schwanzmeise Flechten, Moos, Haare, kleine Rindenstückchen; innen wird das Nest mit Federn ausgekleidet. Die Eiablage beginnt Anfang April; 1 Brut jährlich. 7-12 Eier (14 × 11 mm), in der Regel weißlich ohne Zeichnung. Das Weibchen wird während der 12-14 tägigen Brutzeit vom Männchen versorgt. Die Jungvögel werden von beiden Eltern 14-18 Tage gefüttert.

Vorkommen: Ganz Europa. Bei uns im Tiefland ganzjährig verbreiteter, aber sehr dünn siedelnder Brutvogel. Bevorzugt vor allem im Winter buschreiche Parkgebiete, manchmal auch Gärten; brütet meist in lichten, unterholzreichen Wäldern oder Flussauen. Unternimmt in manchen Jahren invasionsartige Wanderungen.

Nahrung: Insekten, Spinnen und Sämereien.

 Fütterung

Obwohl Schwanzmeisen viel mehr als die meisten anderen Meisen (denen sie auch verwandtschaftlich ferner stehen) ganzjährig an Insektennahrung interessiert sind, stellen sie sich im Winterhalbjahr doch auch auf kleine Sämereien, Knospen, Kätzchenblüten und dergleichen um. Das führt sie immer wieder auch an Futterstellen, wo sie durch ihr scharenweises Auftreten und ihre akrobatische Art ein besonderes Erlebnis sind.

von den Eltern im Nest gefüttert. Wie alle Meisen, haben auch Sumpfmeisen oft erstaunlich große Gelege. Häufig schlüpfen aber nicht alle Eier und nicht alle Jungen werden flügge, wenn 1-2 Nesthäkchen verhungern, die nicht mit den Stärkeren mithalten konnten.
Vorkommen: Hauptsächlich im mittleren Europa. Bei uns verbreiteter Brutvogel im Tiefland oder in Gebirgstälern (Weidenmeise auch in Bergwäldern). Lebt in Parks, Gärten oder Laubwäldern, im Winter regelmäßig auch an Futterplätzen.
Nahrung: Kleintiere, Insekten, im Winter Beeren und Sämereien.

Sumpfmeise
Parus palustris

Stand- und Strichvogel; wandert selten größere Strecken.
Aussehen: Größe wie Blaumeise. Die schwarze Kopfkappe reicht bis in den Nacken, der schwarze Kehlfleck ist im Gegensatz zur ähnlichen **Weidenmeise** nur klein und schmal. Die Geschlechter sind nicht zu unterscheiden.
Stimme/Verhalten: Rufe »pist-jä« oder »zi-dä-dä«; rascher;

der stets etwas klappernd klingende Gesang wird in verschiedenen Strophentypen vorgetragen: »zjezjezje . . .« oder »ziwüd-ziwüd . . .« oder »tijupli-tijupli . . .«. Wie alle echten Meisen sind auch Sumpfmeisen Höhlenbrüter. Die Legezeit ist im April/Mai; 1 Brut. Das Gelege besteht aus 7-9 hellen Eiern (16 × 13 mm) mit rötlichen Tupfen. Das Weibchen brütet 13-17 Tage und wird vom Männchen versorgt. Die Jungen werden 16-21 Tage

⭕ Fütterung

Mit Kohl- und Blaumeise ist die Sumpfmeise an den meisten Futterstellen die dritthäufigste Meise, fällt allerdings durch ihre »bescheidenere« Art und ihr schlichteres Kleid weniger auf. Obwohl sie viel zarter wirkt, hackt sie die Schalen von Sonnenblumenkernen ohne Weiteres auf, gibt sich allerdings mit ganzen Erdnüssen nicht so gerne ab. Kleine Sämereien und Fett sind ihr angemessen.

Haubenmeise
Parus cristatus

Standvogel.

Aussehen: Haubenmeisen sind etwas kleiner als Kohlmeisen. Charakteristisch ist die spitze Haube, die bald schräg nach hinten, bald senkrecht nach oben steht, sowie eine bräunliche Oberseite und schmutzig-weiße Unterseite.

Stimme/Verhalten: Ihr typischer Ruf hört sich an wie »gürrr« oder »zi-gürr« oder ein schnurrendes »bürürrät« mit Betonung auf der letzten Silbe. Ihre Lockrufe unterscheiden sich damit von allen anderen Meisen. Im Lied werden diese Elemente aneinandergereiht und wechseln ab mit spitzen »zit«-Lauten. Die Haubenmeise ist längst nicht so gesellig wie andere Meisenarten, und durch ihre Vorliebe für Nadelwälder bekommt man sie auch nicht oft zu sehen, sofern man nicht auf ihre typischen Rufe achtet. Nest in Höhlen oder Spalten von Bäumen, die sich die Vögel im morschen Holz selbst erweitern; gelegentlich auch in Nistkästen. Legezeit ist Mitte März; 1–2 Bruten. Die 7–10 weißen Eier (16 × 12 mm) sind wie bei allen Meisen fein rötlich gezeichnet. Das Weibchen brütet 15–18 Tage, es wird während dieser Zeit vom Männchen gefüttert. Die Jungvögel werden 18–21 Tage von den Eltern im Nest versorgt.

Vorkommen: Fast ganz Europa, fehlt in Großbritannien und Italien. Bei uns verbreiteter, aber nirgends häufiger Brutvogel in Nadelwäldern bis hinauf zur Baumgrenze. Kommt nur selten in Gärten oder Parks vor. Hält sich nur auf Nadelbäumen auf.

Nahrung: Insekten, Kleintiere, Sämereien.

 Fütterung

Mit einiger Sicherheit kann man nur in der Nähe größerer Nadelwälder mit dem Besuch von Haubenmeisen an Fütterungen rechnen, da die Vögel ziemlich standorttreu sind. Feine Sämereien und Fett sind ihnen lieber als Körner oder Nüsse, an denen man herumhacken muss.

Tannenmeise
Parus ater

Stand- und Strichvogel.
Aussehen: Sie ist unsere kleinste Meise und wirkt rundlich und großköpfig; Oberkopf und Kehle sind schwarz, mit weißen Wangen und quadratischem weißen Fleck im Nacken, den ähnlich aber auch die Kohlmeise aufweist.
Stimme/Verhalten: Die Rufe erinnern an Kohlmeise, klingen aber feiner wie »tsi« oder »tsiu«, manchmal fast gerade Töne, manchmal wehmütig gezogen. Der Gesang besteht aus einer sehr charakteristischen, wetzenden Strophe: »wize-wize-wize« oder »sihtjü-sihtjü...« in wechselnder Tonhöhe. Das Lied wird von der höchsten Fichtenspitze aus vorgetragen und ist fast das ganze Jahr über

Fütterung

Als typische Waldmeise bevorzugt die Tannenmeise Koniferensamen und versteht es auch Bucheckern aufzuhacken. Auch an Futterstellen kommt sie mit dem üblichen Körnerfutter gut zurecht, profitiert aber besonders von Fettfutter (Meisenknödeln).

zu hören, verstärkt im Spätwinter und Frühjahr. Tannenmeisen sind gesellig und schließen sich auch gemischten Meisenschwärmen an. Wie alle Meisen sind sie gewandte Turner und Kletterer. Wie ihr Namen sagt, bevorzugen sie Nadelwälder, wobei die Wipfelregion von Fichten ihr Hauptlebensraum ist; Kiefernwälder werden seltener besiedelt. Die Art nistet in Baumhöhlen, Boden- oder Felslöchern und Nistkästen. Die Legezeit dauert von April bis Juli; 1-2 Bruten jährlich. 7-11 weiße Eier (15 × 12 mm), zart rot gesprenkelt.

Das Weibchen brütet 14-18 Tage und wird dabei vom Männchen gefüttert. Die Eltern versorgen die Jungvögel 18-20 Tage im Nest.
Vorkommen: Tannenmeisen sind in ganz Europa überall dort verbreitet, wo Nadelbäume vorkommen – außer im hohen Norden. Bei uns relativ häufig und verbreitet bis hinauf zur Waldgrenze. Zur Brutzeit ausschließlich in Nadelwäldern; in Laubbäumen nur außerhalb der Brutzeit. Brütet gelegentlich auch in einzelnen großen Gartenfichten und Koniferengruppen.
Nahrung: Insekten, Sämereien.

Blaumeise
Parus caeruleus

Stand- und Strichvogel.
Aussehen: Kleiner als Kohlmeise. Ein farbiger Vogel mit gelbem Bauch und grünem Rücken; Oberkopf, Schwanz und die mit einem feinen weißen Band gezeichneten Flügel sind leuchtend hellblau; weiß an den Wangen; dunkelblau bis schwarz an Kehle und Kragen, vom Schnabel durchs Auge verläuft ein dünner dunkler Streifen.

Stimme/Verhalten: Zarte hohe Lockrufe klingen wie »tsi-tsi-tsi-tsit«, bei Gefahr »zerrretetet«. Das Lied wird meist mit hohen »zi-zi-zi«-Lauten eingeleitet und endet mit einem tieferen Triller » . . .tütütü« oder » . . .trirrr«. Blaumeisen klettern akrobatisch im Gezweig, manchmal kopfüber hängend. Außerhalb der Brutzeit ziehen sie meist in Trupps mit anderen Meisen herum und gehören zu den regelmäßigsten Besuchern an Futterplätzen. Gerne machen

Fütterung

Blaumeisen sind ebenso neugierig wie Kohlmeisen und entdecken und nutzen jede Nahrungsquelle sofort. Mit ihrem zwar kleinen, aber scharfen und kräftigen Schnabel werden sie auch mit hartschaligen Samen und ganzen Erdnüssen fertig. Besonders gern hängen sie an Meisenknödeln.

sie sich im winterlichen Schilf zu schaffen. Als Höhlenbrüter baut die Blaumeise ihr Nest in verschiedene natürliche Höhlen und Löcher, gerne auch in Nistkästen. Legezeit ab Mitte April; in der Regel nur 1 Jahresbrut. Die 7–14 weißen Eier (16 × 12 mm) sind rötlich getupft. Das Weibchen brütet 12–16 Tage und wird dabei vom Männchen versorgt. Beide Partner füttern die Jungen 15–20 Tage lang im Nest.
Vorkommen: Ganz Europa, bis auf den hohen Norden. Bei uns im Tiefland ganzjährig ziemlich häufig; seltener im Gebirge, dort nur in den unteren Regionen. Lebt vor allem in Laub- und Mischwäldern, nur gelegentlich in Nadelwäldern.
Nahrung: Insekten, Kleintiere, Sämereien.

Kohlmeise
Parus major

Stand- und Strichvogel.
Aussehen: Größte Meisenart.
Weiße Wangen am schwarzen
Kopf, Nacken grünlichgelb, über
die Oberseite zum Schwanz hin
bläulich verlaufend, auf den Flügeln ein schmales weißes Band;
die Unterseite ist gelb mit
schwarzem Mittelstrich. Turnt
ebenso gewandt an den Zweigen wie die Blaumeise. Gesellig,
außerhalb der Brutzeit oft in gemischten Meisenschwärmen zu
sehen. Besucht im Winter regelmäßig Futterplätze.
Stimme/Verhalten: Alarmruf
»terr terr«, sonst sehr unterschiedlich, z. B. »pink« (wie der
Buchfink) oder sumpfmeisen-
ähnlich »zidä«. Tiefere und höhere Laute wechseln sich in

 Fütterung

*Kohlmeisen sind die treuesten
und unproblematischsten Besucher von Futterstellen.
Selbst wenn die Natur den
Tisch wieder reicher deckt,
machen sie gerne Gebrauch
von Körnermischungen aller
Art, bevorzugen im Sommer
aber eher Erdnüsse und Fettfutter.*

unterschiedlichen Rhythmen im
Lied ab, das typische Spätwin-
ter- und Frühjahrs-»Läuten«:
»zizibäh . . .« oder »züdizi-
zi . . .«, im Winter oft schon bei
den ersten kräftigeren Sonnen-
strahlen zu hören. Nistet nor-
malerweise in Baumhöhlen,
nimmt aber auch Nistkästen an.
Baut ein recht ordentliches
Nest. Die Eiablage beginnt Anfang April; meist nur 1 Brut.
5-12 weißliche Eier (18 × 13 mm)
mit feiner bis kräftiger hellbrau-

ner Sprenkelung. Das Weibchen
brütet 10-14 Tage und wird dabei vom Männchen versorgt, die
Jungen werden von den Eltern
15-22 Tage im Nest gefüttert.
Vorkommen: Ganz Europa. Bei
uns die häufigste Meisenart,
weit verbreitet im Tiefland bis
zu den mittleren Gebirgsregionen. Lebt oft im Siedlungsbe-
reich der Menschen, in Gärten,
Parks, Laub- und Mischwäldern.
Nahrung: Insekten, Kleintiere,
Sämereien, gerne auch Fett.

Kleiber
Sitta europaea

Stand- und Strichvogel.

Aussehen: Etwa spatzengroß, aber flache, kurzbeinige Gestalt mit kurzem Schwanz und spitzem kräftigem Schnabel. Der Kopf geht ohne Halsansatz in den Körper über. Die Geschlechter sind nicht zu unterscheiden.

Stimme/Verhalten: Ruft langsam »twit twit . . .« oder »sit«, auch laut pfeifend »tuiih«. Gesang weithin vernehmbar, laut trillernd »qui-qui-qui . . .« oder pfeifend »tiu tiu tiu«. Klettert an Stämmen und Ästen, auch mit nach unten gerichtetem Kopf, kann sich sogar an der Unterseite waagerechter Äste bewegen. Beim Klettern wird der Schwanz nicht wie bei den Spechten und Baumläufern als Stütze verwendet. Flug meist nur von Baum zu Baum. Nicht sehr gesellig, häufig aber paarweise. Er verklebt (Name!) das Schlupfloch seiner Höhle mit Lehm, bis es die geeignete Größe hat. Brut in Baum- oder Mauerhöhlen, auch in Spechtlöchern und Nistkästen. Als Nistmaterial werden gerne Rindenstückchen (Spiegelrinde der Kiefer) verwendet.

Eiablage ab April; 1 Jahresbrut. 6–8 weiße Eier (20 × 14 mm), rötlichbraun gefleckt. Das Weibchen brütet 14–18 Tage, die Eltern versorgen die Jungen 23–25 Tage im Nest.

Vorkommen: Ganz Europa außer hohem Norden. Bei uns ganzjährig verbreiteter Brutvogel vom Tiefland bis ins Gebirge. Kleiber leben auf großen Bäumen in Laub- und Mischwäldern sowie in Gärten oder Parks. Gelegentlich kommen invasionsartige Wanderungen über größere Entfernungen vor.

Nahrung: Insekten, Kleintiere und Sämereien.

◯ Fütterung

Kleiber kommen gern und regelmäßig an Futterstellen. Größere Körner (z. B. Sonnenblumenkerne) verzehren sie meist nicht an Ort und Stelle, sondern stopfen sich den Schnabel damit voll und tragen sie, hin und her fliegend, in irgendwelche Verstecke (meist Rindenspalten). Männchen und Weibchen (die sich freilich nicht unterscheiden lassen) gehen oft gemeinsam auf solche Beutezüge. An Fettfutter tun sie sich vor Ort gütlich. Gegenüber anderen Vögeln sind sie vielfach wenig verträglich.

Gartenbaumläufer
Certhia brachydactyla

Stand- und Strichvogel.
Aussehen: Etwas kleiner als Spatz mit dünnem, gebogenem Schnabel und länglichem Stützschwanz. Reiner Baumkletterer. Vom sehr ähnlichen **Waldbaumläufer** nur durch die Lautäußerungen zu unterscheiden.
Stimme/Verhalten: Ziemlich laut und kräftig »tit« oder tannenmeisenähnlich »tüüt«, auch wiederholt und schneller werdend, oder ein waldbaumläuferähnliches hohes »srieh«. Kurzes, rhythmisches Lied »tit tit titteroittit« kraftvoll vorgetragen, lauter und deutlich kürzer als die 2–3 sec dauernde, wispernde Strophe des Waldbaumläu-

fers. Das Nest wird in Baumspalten hinter Rinde versteckt, manchmal auch in Mauerspalten. Es werden auch Spezialnistkästen mit schlitzförmigem seitlichen Eingang bezogen. Eiablage ab Mitte April; in der Regel nur 1 Jahresbrut. 6–7 weiße Eier (16 × 12 mm), braunrot gefleckt. Das Weibchen brütet 15–17 Tage, die Nestlinge werden dann von den Eltern noch 15–17 Tage lang gefüttert.

Vorkommen: Mittel- und Südeuropa (Waldbaumläufer mehr nordöstlich). Bei uns verbreitet, bevorzugt in tieferen Lagen. Man findet ihn meist in Gärten, Parks oder lichten Laubwäldern, seltener in Nadelwäldern. Häufig auf Bäumen mit tief gefurchter Rinde, z. B. Eiche, Esche oder Ulme.
Nahrung: Insekten und deren Larven, Spinnen, im Winter auch Samen.

⊙ Fütterung

Beide Baumläuferarten kommen zwar nicht so regelmäßig wie der Kleiber an Futterstellen, machen aber doch gerne davon Gebrauch, wenn der Vorrat an Kleininsekten, Larven und Spinnen in den Ritzen der Baumrinde knapp wird. Da ihre dünnen, leicht gebogenen Schnäbel für Körnernahrung nicht geeignet sind, bedienen sie sich nur an Fett und Weichfresserfutter.

Star

Sturnus vulgaris

Teilzieher (Febr./März bis Nov.).
Aussehen: Im Frühjahr sind
beide Geschlechter fast einfarbig schwarz mit grünlichem
oder purpurfarbenem Schimmer
und zitronengelbem Schnabel.
Vom Herbst an zeigen die frisch
vermauserten Vögel durch helle
Federspitzen überall weiße Flecken (»Perlstar«). Durch Abnutzung verschwinden die Flecken
bis zum Frühjahr. Die Jungvögel
sind bis zur Herbstmauser ziemlich einfarbig braun.
Stimme/Verhalten: Nasaler Ruf
»spreen« oder »wet wet«. Imi-
tiert gerne andere Vogelstim-
men oder Geräusche. Der
schwätzende Gesang besteht
aus quietschenden, knarrenden,
schnalzenden und pfeifenden
Lauten und schließt Imitationen
ein. Stare sind gesellige Vögel,
die oft in riesigen Schwärmen
zu sehen sind. Ihr Flug ist ge-
radlinig mit schnellen, kräftigen
Flügelschlägen, zwischendurch
Gleitflug. Bei der Nahrungssuche bohren sie mit dem Schnabel Löcher in den weichen Boden und öffnen dabei den
Schnabel (»Zirkeln«). Gelegentlich fangen sie auch im Flug Insekten (z. B. schwärmende

Ameisen im Juli/August). Das
Männchen schlägt beim Singen
auf höherer Warte mit den Flügeln und sträubt sein Gefieder.
Als Höhlenbrüter baut der Star
sein loses Nest in Baumhöhlen,
Fels- oder Mauerlöcher, gern
auch in Nistkästen. Zwischen
April und Juli werden bei 1-2
Bruten jährlich 4-7 Eier (30 ×
21 mm) gelegt; sie sind gleichmäßig blass grünlich bis hellblau. Männchen und Weibchen
brüten 13-15 Tage, die Jungen
werden 18-22 Tage versorgt.
Vorkommen: Bei uns im Kultur-
land verbreitet, fehlt in den höheren Gebirgsregionen. Brütet
an Waldrändern, in Feldgehölzen, Gärten und Parks, auch an
Scheunen oder Häusern. Seine
Nahrung sucht er vorwiegend

Fütterung

*Stare sind neugierige Vögel,
die eine gute Futterstelle rasch
entdecken. Besonders nach der
frühen Rückkehr im Spätwinter
fallen kleinere oder größere
Trupps gerne an Fütterungen
ein, lassen sich aber auch zur
Brutzeit dort blicken. Über
Meisenknödel machen sie sich
dabei genauso her wie über
Futterhäuschen und Bodenfütterungen.*

in offenen Landschaften, auf
Äckern oder Wiesen mit kurzem
Gras.
Nahrung: Insekten, Insektenlar-
ven, Würmer; gegen Sommer-
ende auch Beeren und Früchte,
Sämereien.

despalten, an Mauern mit Kletterpflanzen gebaut, gelegentlich auch in Bäumen als Kugelnest. Haussperlinge ziehen manchmal auch in Nistkästen ein, viel seltener jedoch als Feldsperlinge. Der Nestbau beginnt oft schon im Herbst. Legezeit April bis August; 1–3 Bruten pro Jahr. 4–6 beigefarbene Eier (22 × 16 mm) mit unterschiedlich dichter graubrauner Zeichnung. Männchen und Weibchen brüten 11–13 Tage und füttern die Jungvögel 13–16 Tage im Nest.
Vorkommen: Ganz Europa. Kommt bei uns überall und häufig in der Nähe von menschlichen Siedlungen vor und fehlt abseits davon.
Nahrung: Sämereien, Triebe und Früchte, im Sommer auch Insekten deren Larven und andere Kleintiere.

Haussperling
Passer domesticus

Standvogel.
Aussehen: Männchen mit grauem Oberkopf und Bürzel, Bauch und Wangen weißlich, geschupptes Schwarz von der Kehle bis zur oberen Brust. Oberseits – ähnlich dem Weibchen – braun mit dunklen und hellen Längsstreifen sowie kleiner weißer Flügelbinde. Kurzer rahmfarbener Strich hinter dem Auge. Im Sommer wird der sonst braun-gelbliche Schnabel schwarz. Vom ähnlichen Feldsperling durch fehlenden schwarzen Wangenfleck zu unterscheiden.
Stimme/Verhalten: Typisches Schilpen »dschuip«, auch zwitschernde und zirpende Rufe. Der Gesang ist aus einer Folge von Tschilp-Elementen zusammengesetzt. Ein bekannt geselliger Vogel, der sogar während der Brutzeit häufig in Trupps auftritt; im Winter auch zusammen mit Feldsperlingen, Finken und Ammern. Lebt meist in der Nähe des Menschen. Das aus Halmen gebaute, oft sehr umfangreiche Nest wird mit Federn gepolstert; es wird unter Dachziegeln, in Gebäu-

⭕ Fütterung

Haussperlinge sind regelmäßige Besucher von Futterplätzen. Meist fallen sie scharenweise darüber her, wobei sie breitwürfige Bodenfütterungen jeder anderen Art der Darbietung vorziehen. In der Nutzung von Meisenknödeln und anderen hängenden Futterquellen sind sie viel weniger geschickt als Feldsperlinge.

Feldsperling

Passer montanus

Strich- und Standvogel.

Aussehen: Er ist etwas kleiner als der Haussperling. Bei ihm sehen beide Geschlechter gleich aus. Charakteristisch sind der schwarze Fleck auf der weißen Wange sowie ein fast durchgehendes weißes Halsband. Oberkopf, Nacken und Bürzel sind hellbraun (nie grau wie beim Haussperling). Die Oberseite ist braun mit dunkleren Längsstreifen an Schultern und Rücken. Im Flügel 2 weiße Binden.

Stimme/Verhalten: Metallisch oder weich klingendes »tschick« oder hell »zwit«, Flugruf »tek tek tek«. »Gesang ein rhythmisches Tschilpen »tsche-tsche« oder weicher »tschja«. Meist sehr gesellig. Außerhalb der Brutzeit mehr noch als Haussperling auch in gemischten Finken-Ammern-Trupps. Der Feldsperling ist Höhlenbrüter und baut sein Nest in Löcher aller Art, auch in Masten von Überlandleitungen und in Nistkästen. Die Eiablage beginnt im April und dauert bis Juli; 2–3 Jahresbruten. 4–6 Eier

Fütterung

Der Feldsperling ist ein eifriger und in Scharen anrückender Besucher von Fütterungen. Mit Haussperlingen vertragen sich die Vögel gut. Wie diese bevorzugen sie Bodenfütterungen, nutzen aber auch Meisenknödel, hängende Futterstäbe und dergleichen fast so geschickt wie Meisen. Am Silo sorgen sie durch kräftiges Wühlen im Futter für Nachschub der Bodenfütterung.

(19 × 14 mm) mit dichter dunkler Zeichnung auf hellem Grund. Männchen und Weibchen brüten 11–14 Tage, beide versorgen die Jungen weitere 13–15 Tage im Nest.

Vorkommen: In Mitteleuropa immer seltener werdender Brutvogel im Tiefland. Lebt im Gegensatz zum Haussperling in der Regel auf dem Land entfernt von menschlichen Siedlungen, kommt aber auch in Städten vor, allerdings eher selten. Bevorzugter Brutplatz sind Feldgehölze, Waldränder und Obstgärten; aber auch Feldscheunen und Einzelgebäude werden gerne besiedelt.

Nahrung: Sämereien, Triebe, kleine Früchte sowie Insekten und Kleintiere.

Buchfink

Fringilla coelebs

Teilzieher

Aussehen: Sperlingsgroß. Das Männchen ist im Frühjahr/Sommer bunt gefärbt: graublau an Oberkopf, Nacken und Halsseiten mit schwarzer Stirn; grünlicher Bürzel, kastanienbrauner Rücken, blau im gegabelten Schwanz; kräftiger, blauer Schnabel (verfärbt sich im Herbst hornfarben). Das Weibchen ist oberseits unauffällig olivgrau, unterseits etwas heller. Kennzeichnend sind in allen Federkleidern die besonders im Flug auffallenden weißen äußeren Schwanzfedern, der weiße Schulterfleck und die weiße Flügelbinde.

Stimme/Verhalten: Häufigster Ruf kurz »pink« (daher der Name Fink), meist im Sitzen, im Flug ein kurzes »djüb«, der sogenannte Regenruf rau 1-silbig »wrüt« oder »huit«, regional unterschiedlich. Der Gesang, eine schmetternd vorgetragene, abfallenden Strophe mit Endschnörkel »zizizizi teroiti«, wird mit kurzen Pausen ständig wiederholt. Außerhalb der Brutzeit sind Buchfinken gesellig, dann trifft man sie oft in gemischten Finken-Ammern-Trupps oder auch in großen reinen Buchfinkenschwärmen. Wellenförmiger Flug. Das napfförmige Nest, vom Weibchen aus Federn, Gras, Moos oder Flechten fein und dicht geflochten, befindet sich meist hoch in den Astgabeln der Bäume. Die Eiablage beginnt im April; 1 Jahresbrut, manchmal auch 2. Die 4-5 Eier (19 × 15 mm) sind auf hellbläulichem Grund dicht rosa gewölkt und gefleckt und mit braunen Zeichen besetzt. Das Weibchen brütet 12-14 Tage alleine, die Jungvögel werden 12-15 Tage von den Eltern im Nest gefüttert.

Vorkommen: Ganz Europa. Kommt in Mitteleuropa in allen Lagen sehr häufig vor (wohl häufigste Vogelart überhaupt), ist in fast allen Baumbeständen zu finden.

Nahrung: Während der Brutzeit vor allem Insekten und Spinnen, sonst meist Sämereien und Früchte von Bodenpflanzen, auch Beeren.

Fütterung

Buchfinken sind eher schüchterne Besucher von Fütterungen und ziehen entschieden Bodenfütterung vor. Besonders die Weibchen lassen sich erstaunlich selten am Futterplatz blicken. Zumindest in meinen Garten kommen sie nie in größerer Zahl, geschweige denn in Schwärmen, wie sie winters üblich sind. Dabei ist Körnerfutter durchaus ganzjährig für den Körnerfresser attraktiv.

allen Kleidern. Schnabel im Sommer schwarz, verfärbt sich im Winter in gelb mit schwarzer Spitze.

Stimme/Verhalten: Gequetscht klingende Rufe »djük«, »quäih« und »quäk«, Flugruf »tjek« oder »jeg«, oft mehrmals wiederholt. Das Lied ist bei uns nicht oft zu hören, es besteht aus einer Reihe gedehnter »dsää«-Laute.

Vorkommen: Brutvogel in Skandinavien und Nordosteuropa. Im Winter fast regelmäßig über ganz Europa verbreitet; hält sich dann hauptsächlich in Buchenwäldern auf, ist aber auch in Gärten oder Parks anzutreffen; oft sieht man große Schwärme auf Wiesen und Äckern. Brütet bei uns nur ausnahmsweise; Brutverhalten ähnlich Buchfink.

Nahrung: Wirbellose Kleintiere und Insekten, im Winter Bucheckern, Sämereien, Früchte und Knospen.

Bergfink
Fringilla montifringilla

Wintergast (Okt. bis Ende April).
Aussehen: Sperlingsgroßer Vogel, ähnelt im Körperbau dem Buchfink, Schwanz aber kürzer und stärker gegabelt. Tritt oft in Schwärmen zusammen mit Buchfinken auf. Männchen im Winter bräunlichgrauer Kopf, Nacken und oberer Rücken mit schwarzem Schuppenmuster, im Sommer ist diese Partie tief-
schwarz. Schultern und Brust hellorange, zum Bauch hin rahmfarben. 2 weiße Flügelbinden. Schmaler weißer Bürzel in

 Fütterung

Bergfinken kommen nicht alljährlich und in sehr unterschiedlichen Zahlen im Winter nach Mitteleuropa. In manchen Jahren werden riesige, nach vielen Tausenden zählende Schwärme beobachtet. Da sie freie Landschaften und lichte Wälder bevorzugen, kommen sie an Futterstellen meist nur in geringer Zahl. Dann nehmen sie jegliches Körnerfutter wie auch Haferflocken am liebsten vom Boden auf, wagen sich aber auch ans Futterhaus.

Grünfink
Carduelis chloris

Strich- und Standvogel, teilweise auch Kurzstreckenzieher.
Aussehen: Etwa sperlingsgroß. Männchen auffallend grünlich gefärbt. Die seitlichen Schwanzfedern sind an der Basis leuchtend gelb, der gegabelte Schwanz ist sonst überwiegend schwarz. Im Flug ist der gelbe Flügelspiegel gut sichtbar, der bei angelegten Flügeln als leuchtend gelber Außenrand erscheint. Vom unscheinbareren Weibchen unterscheidet sich das Männchen vor allem durch den hellgrauen Innenflügel, der beim Weibchen im Einheitsgrün verschwindet. Ähnliche Farben haben Erlenzeisig und Girlitz, die aber beide deutliche schwarze Markierungen im Kleingefieder tragen (beim Grünfink nur im Jugendkleid).
Stimme/Verhalten: Trillernder Flugruf »gigigig« oder in der

Tonhöhe ansteigend »tui«, »tsuiht«. Der hell trillernde Gesang mit eingeschobenem »dejäieh« oder »tschoih« endet oft mit »schwoänsch«. Der Grünfink singt gerne von hoher Warte aus oder im gaukelnden, fledermausähnlichen Singflug. Das große, stabile Nest wird in Bäumen, Büschen oder sogar Kletterpflanzen eingeflochten, meistens in geringer Höhe. Die Zeit der Eiablage ist von April bis August;

der Grünfink brütet 2-3-mal pro Jahr. Die 4-6 weißen Eier (20 × 15 mm) tragen eine zarte braune und schwarze Sprenkelung, die sich zum Pol hin verdichtet. Die Eier werden in 12-15 Tagen vom Weibchen ausgebrütet, beide Partner versorgen die Jungen 14-17 Tage im Nest.
Vorkommen: Ganz Europa. Bei uns ganzjährig sehr häufig, vom Tiefland bis in die Gebirgstäler verbreitet. Brütet in nicht zu dichten Wäldern, oft am Waldrand, lebt aber auch in Parkanlagen oder Gärten und ist regelmäßig sogar mitten in der Stadt zu finden.
Nahrung: In der Brutzeit vor allem Insekten (u. a. Blattläuse), sonst Beeren, Knospen und Sämereien.

⭕ Fütterung

Als regelmäßiger Brutvogel der Siedlungen und Überwinterer gehört der Grünfink zu den regelmäßigen und scharenweisen Besuchern von Futterstellen. Seine Lieblingsspeise sind Sonnenblumenkerne, die er sowohl vom Boden als auch vom Futtertisch nimmt und geschickt schält. Aber auch an Meisenknödeln und hängenden Futtersäulen macht er sich gern zu schaffen.

Stieglitz
Carduelis carduelis

Teilzieher.
Aussehen: Etwa sperlingsgroß. Das leuchtend rote Gesicht mit der weißen Umrahmung und dem schwarzen Scheitel und Nacken sind ebenso auffällig wie einmalig in unserer Vogelwelt. Das breite gelbe Flügelband ist im Flug gut sichtbar.
Stimme/Verhalten: Rufe »tiglitt«, oft wiederholt, scharf »zizi« oder »tschrr« bei Auseinandersetzungen. Zwitschernder heller Gesang mit Trillern und Schnörkel. Turnt oft an Disteln und anderen samentragenden Wildstauden herum. Häufig in kleinen Trupps. Das stabile napfförmige Nest wird in Bäumen oder Sträuchern verankert. Eiablage ab Anfang Mai; 1-2 Bruten. Die 4-6 Eier (17 × 13 mm) sind rot gezeichnet auf weißem Grund, zum stumpfen Pol hin dunkler braun. Das Weibchen brütet 12-14 Tage, die Jungen werden 14-15 Tage im Nest versorgt und noch eine Woche außerhalb.

Vorkommen: Ganz Europa außer Nordskandinavien. Bei uns überall im Tiefland. Lebt in offenen Landschaften, Gärten oder Heckenlandschaften und Parks mit lichtem Baumbestand. Verschwindet im Winter für 2-3 Monate aus weiten Teilen Mitteleuropas.
Nahrung: Distelsamen und andere feine Sämereien, während der Brutzeit auch Insekten.

⊙ Fütterung

Obwohl seine natürliche Nahrung überwiegend aus weichen, halbreifen oder sehr kleinen Samen besteht, nimmt der Stieglitz (auch Distelfink genannt) an der Futterstelle auch Sonnenblumensamen in Angriff und schält besonders die dünnschaligeren schwarzen Kerne offenbar ohne Mühe. Im Gegensatz zu seiner üblichen Methode der Nahrungssuche in höheren Stauden zieht er an der Futterstelle die Bodenfütterung vor.

Erlenzeisig

Carduelis spinus

Stand- und Strichvogel, Wintergast.

Aussehen: Kleiner als Sperling, zierlich-gedrungene Gestalt, kräftiger spitzer Schnabel und kurzer gegabelter Schwanz. Ein vorwiegend grünlicher Vogel. Beim Männchen ist der Kontrast zwischen schwarzer Kappe und gelben Kopfseiten ziemlich auffällig, ebenso die gelbe Flügelbinde und der gelbe Bürzel. Bei Weibchen und Jungvögeln fällt nur die gelbe Flügelbinde im Sitzen und im Flug auf.

Stimme/Verhalten: Schnell »djet-djet-djet« oder länger »diäh«. Singt hastig zwitschernd mit langer nasaler Dehnung zum Schluss. Tritt oft in größeren Schwärmen auf; singt auch im Schwarm. Nest meist in hohen Fichten. Legezeit März/April; 1-2 Bruten. 4-6 hellblaue Eier (15 × 12 mm) mit feinen rötlichen und violetten Tupfen. Weibchen brütet 12-14 Tage, beide Altvögel versorgen die Jungen 13-15 Tage im Nest und auch noch kurze Zeit nach dem Ausfliegen.

Vorkommen: Von Nordosteuropa bis Mitteleuropa und auf den britischen Inseln Brutvogel. Bei uns brüten Erlenzeisige in älteren Nadelwäldern des Mittel- und Hochgebirges; außerhalb der Brutzeit trifft man sie meist in Schwärmen auf Birken und Erlen an.

Nahrung: Sämereien, zur Brutzeit auch Insekten.

⊙ Fütterung

In Landschaften mit ausgedehnteren Wäldern ist der Erlenzeisig zuverlässiger Besucher an Futterstellen. Da er gewöhnlich die winzigen Samen von Birken und Erlen frisst, bevorzugt er auch am Futterplatz die kleineren Sämereien, die er am liebsten aus dem Rasen pickt. Aber auch an Meisenknödeln macht er sich akrobatisch zu schaffen.

Bluthänfling
Carduelis cannabina

Teilzieher.

Aussehen: Ein hauptsächlich bräunlicher Vogel, etwas kleiner als Spatz. Das Männchen kann im Brutkleid mit dem nordeuropäischen Birkenzeisig verwechselt werden. Unser Birkenzeisig trägt aber viel weniger Rot und einen kleinen schwarzen Kinnlatz. Im Flug sind ziemlich große weiße Felder im äußeren Flügel sowie der weiße Bürzel und die weißen Schwanzbasisseiten auffallend. Die Weibchen sind unscheinbar braun, haben aber ein ähnliches Flugmuster wie die Männchen.

Fütterung

Der Hanfling ist als wärmeliebender Bewohner von Brachland vielerorts so selten geworden, dass man keinesfalls sicher mit ihm an Futterstellen rechnen kann. Am ehesten kommt er im Vor- und Spätwinter zu Besuch, um sich an kleinen Sämereien an Bodenfütterungen gütlich zu tun. Um den seltenen Gast nicht zu verpassen, müssen Sie aber genau hinschauen, da auch die Männchen im Winter ziemlich unscheinbar bräunlich erscheinen.

Stimme/Verhalten: Der typische Flugruf ist ein hartes kurzes »gegege«, außerdem weiche, nasale Rufe wie »glüj«. Der ziemlich leise Gesang besteht aus Rufelementen und bildet ein buntes Gemisch aus klingelnden, harten, kratzenden und gedehnten Lauten. Ein wenig auffallender Vogel, den man am ehesten am Flugruf erkennt. Außerhalb der Brutzeit oft in Schwärmen mit Grünfinken. Nest meist in einem Busch, oft mehrere Paare benachbart. Eiablage ab Ende März; 1–2 Jahresbruten. Die 4–6 Eier (18 × 13 mm) sind auf hellbläulichem Grund fein blassrosa oder violett gefleckt, dazu einige dunkle Kleckse und Schnörkel. Das Weibchen brütet meist allein 12–14 Tage. Die Jungen werden noch einmal ebenso lange von beiden Eltern im Nest gefüttert.

Vorkommen: Ganz Europa außer im hohen Norden. Bei uns hauptsächlich im Tiefland, in Bergtälern und mittleren Lagen seltener. Brutvogel in buschreichen Landschaften, Heiden, Mooren, Gärten, Friedhöfen, Industrieanlagen, Dünen.

Nahrung: Zur Brutzeit Insekten, sonst Sämereien, die gern vom Boden aufgenommen werden.

Birkenzeisig
Carduelis flammea

Teilzieher.
Aussehen: Kleiner als Sperling. Vorderkappe wenig auffallend rot, Brust rosa. Im Gegensatz zum ähnlich gefärbten Bluthänfling schwarzer Kinnlatz. Im Winter taucht auch die skandinavische Rasse bei uns auf, deren Männchen sehr viel mehr Rot auf der Brust tragen. Auch der viel hellere **Polarbirkenzeisig** kann im Winter beobachtet werden.

Stimme/Verhalten: Charakteristischer Ruf im Flug »tschet-tschet-tschet«. Im Lied ähnliche Elemente sowie ein schwirrendes »tschrrr« (tonloser als Grünfink). Nicht nur im Winter gesellig. Nest manchmal in kleinen lockeren Kolonien hoch in Bäumen oder tief im Gebüsch. Legezeit Mai bis August; meist 2 Bruten. 4-6 hellblaue Eier (17 × 13 mm), rötlich oder bräunlich gefleckt. Das Weibchen brütet 12–15 Tage, die Jungen werden von beiden Partnern noch 12–15 Tage im Nest versorgt.
Vorkommen: Nordeuropa, Britische Inseln und Alpen. Bei uns auch an der Küste. In den Alpen in lichten Baumbeständen bis zur oberen Baumgrenze, im bewaldeten Mittelgebirge und in jüngster Zeit Brutvogel auch im Alpenvorland. Im Winter meist auf Erlen oder Birken.
Nahrung: Samen und Insekten. Die Nahrung wird im hohen Geäst oder am Boden gesucht, wo die Vögel kaum auffallen, da das Rot auf Kopf und Brust meist nur schwach ausgebildet ist.

 Fütterung

Der Besuch von Birkenzeisigen am Futterplatz ist etwas Besonderes, wenn auch wenig spektakulär. Man muss schon genau hinschauen, um an den eher unscheinbar wirkenden, gegenüber Spatzen und Grünfinken deutlich kleineren Vögeln die typischen Artmerkmale zu erkennen. Mit ihrer schwarz gestrichelten braunen Oberseite fallen sie unter Spatzen kaum auf. Wie so viele Körnerfresser aus der Gruppe der Finken und Ammern bevorzugt der Birkenzeisig die Bodenfütterung und pickt auch noch so kleine Sämereien geschickt aus dem Rasen.

Gimpel
Pyrrhula pyrrhula

Stand- und Strichvogel.

Aussehen: Rundliche Gestalt von der Größe eines Sperlings mit kurzem, dickem, schwarzem Schnabel. Die schwarze Kopfkappe reicht bis unters Auge und unter den ebenfalls schwarzen Schnabel. Das weiße Flügelband hebt sich auch im Flug scharf von der schwarzen Umgebung ab, ebenso der weiße Bürzel. Der Rücken ist bei beiden Geschlechtern blaugrau gefärbt. Nur beim Männchen ist die Unterseite leuchtend rot-orange, das Weibchen ist unterseits bräunlichgrau.

Stimme/Verhalten: Weiche kurze, etwas melancholisch wirkende Pfiffe: »düh«, beim Abflug oft »düt« oder »büt«. Neuerdings treten im Winter auch sogenannte Trompetergimpel auf, deren Ruf blechern wie eine Kindertrompete klingt. Der leise schwätzende Gesang ist variantenreich mit zwitschernden und gepfiffenen Elementen. Im Gegensatz zu vielen anderen Vogelarten gilt der Gesang beim Gimpel hauptsächlich nur dem Partner und nicht der Reviermarkierung. In Gefangenschaft lernen Gimpel Melodien nach-

zupfeifen. Tritt das ganze Jahr über paarweise auf. Verhält sich während der Brutzeit besonders heimlich und ist daher leicht zu übersehen; sonst eher auffällig. Baut sein Nest gut geschützt in junge Nadelbäume oder dichtes Gebüsch. Legezeit von Mai bis August; meistens 2 Jahresbruten. 4–5 hellblaue Eier (20 × 15 mm). Das Weibchen brütet 12–14 Tage und wird dabei vom Männchen versorgt. Die Eltern füttern die Jungvögel 14–18 Tage im Nest.

Vorkommen: Nahezu ganz Europa (fehlt im südlichen Spanien). In Mitteleuropa vom Tiefland bis in die Bergwälder verbreiteter Brutvogel. Bevorzugter Brutplatz sind Nadelholz- oder Buschdickichte in

Wäldern, Parks und auch in Gärten. Streicht oft weit herum.

Nahrung: Sämereien, im Frühjahr oft Knospen, auch von Obstbäumen, zur Brutzeit zusätzlich Insekten.

 **Fütterung**

Als Vögel, die sich nie weit von Bäumen entfernen, kann man mit Gimpeln nur dort am Futterplatz rechnen, wo größere Nadel- und Mischwälder nicht zu fern sind. Und da sie begeisterte Knospenfresser sind, leiden sie auch ohne Körner nicht unbedingt Hunger. Am Futterplatz nehmen sie gerne Sonnenblumenkerne vom Boden oder auch aus dem Futterhaus und schälen sie in aller Ruhe.

Kernbeißer
Coccothraustes coccothraustes

Standvogel und Teilzieher.
Aussehen: Deutlich größer als
Sperling. Ein schön gefärbter
Vogel mit kurzem gegabelten
Schwanz, dickem Kopf und Hals
und mächtigem Schnabel. Im
Flug je 2 große weiße Flügel-
felder.
Stimme/Verhalten: Scharf und
durchdringend »ziks«, etwas gedehnter »zieh« oder »ziek« auch
»tsicks tsik-sit« (kann mit
Schnickern des Rotkehlchens
verwechselt werden). Der sta-
renartig schwätzende Gesang
besteht aus sehr hohen Tönen,
in die ab und zu tiefe, breite
»gjiäh«-Elemente eingeflochten
sind. Verweilt meist hoch in den
Bäumen. Tritt in der Regel einzeln oder paarweise auf,
manchmal auch in kleinen
Trupps. Hoher, schneller Flug in
Wellenlinien.
Vorkommen: Fast ganz Europa
außer weiten Teilen Skandina-
viens. In Mitteleuropa verbreiteter, aber nicht häufiger Brutvogel des Tieflandes. Alte, unterholzreiche Laubwaldbestände,
bevorzugt von Rot- und Hain-
buche, aber auch Parks, Gärten
und Obstanlagen. Das fein ge-
polsterte Nest auf sperriger

Unterlage kann hoch in den
Bäumen, aber auch nur in 2 m
Höhe stehen. Ende April/Anfang
Mai beginnt die Eiablage; meist
nur 1 Jahresbrut. Die 4-6 Eier
(24 × 17 mm) sind bräunlichgrau mit zarter braun-schwarzer
Zeichnung. Das Weibchen brütet 12-14 Tage lang, die Jungen
werden von den Eltern weitere
10-14 Tage lang im Nest versorgt.
Nahrung: Steinobstkerne (v. a.
Kirschkerne), Sämereien, Tro-
ckenfrüchte und Knospen, im
Sommer auch Insekten. Gele-

gentlich durch Knospenfraß
schädlich.

⊙ Fütterung

*Der Besuch von Kernbeißern
am Futterplatz ist immer etwas Besonderes. Schon durch
ihre Größe, vor allem aber
durch ihren beeindruckenden
Schnabel fallen sie auf. Körner
in allen Härten und Größen
sind für sie kein Problem. Sie
nehmen sie vom Boden ebenso
auf wie am Silo.*

Goldammer
Emberiza citrinella

Teilzieher, bei uns hauptsächlich Stand und Strichvogel.

Aussehen: Etwas größer und deutlich langschwänziger als Spatz. Kopf und Unterseite des Männchens sind leuchtend gelb mit schwarz-grünlicher Streifenzeichnung am Kopf und bräunlicher Flankenzeichnung; brauner Rücken mit dunklerer Strichelung, zimtbrauner Bürzel, gekerbter Schwanz. Das Weibchen ist eher unscheinbar, gelblichgrün mit dunklerer Zeichnung.

Stimme/Verhalten: Beim Abflug sind oft trillerähnliche Laute zu vernehmen, metallischer Ruf »ziss«, »tsr« oder »zick-zick«. Das Lied besteht aus einer gemütvollen, etwa 2 sec dauernden Strophe, die aus 9-10 Anfangstönen (»zizizizi . . .«), einem kurzen höheren und einem langen tieferen Schlusston besteht: »zizizizi-dih-düüüh«. Das Lied der Goldammer ist an heißen Hochsommertagen oft als einziger Vogelgesang zu hören, es wird von einer erhöhten Sitzwarte aus vorgetragen. Der Flug ist wellenförmig. Goldammern bauen ihr Nest gut versteckt in die Bodenvegetation oder knapp über dem Boden ins Buschwerk. Legezeit ist April bis August; 2-3 Bruten pro Jahr. 3-5 weiße Eier (22 × 16 mm) mit unruhiger grau-violetter Musterung. Meist brütet das Weibchen allein 12-14 Tage, das Elternpaar füttert die Jungvögel anschließend 12-14 Tage lang, sie verlassen das Nest vor dem Erreichen der Flugfähigkeit.

Vorkommen: Nahezu ganz Europa (fehlt in weiten Teilen Spaniens). Im Tiefland weit verbreitet, wenn auch seltener geworden durch Beseitigung von Hecken und Feldrainen. Lebt an Waldrändern, in Schonungen, aber in erster Linie in buschreichem, offenem Gelände. In der Winterzeit oft in gemischten Finken-Ammern-Trupps auf Äckern zu sehen.

Nahrung: Insekten, Sämereien, Knospen und andere Pflanzenteile. Sucht die Nahrung gern am Boden.

 Fütterung

Leider werden Goldammern überall seltener, sodass längst nicht mehr mit ihrem regelmäßigen Besuch am Futterplatz zu rechnen ist. Es sind vor allem die Männchen, die mit ihrem gelben Federkleid Farbe in die Schar der am Boden Körner aufpickenden Spatzen und Türkentauben bringen. Sie fressen alle Arten von Körnern, Sämereien und Flocken.

Mäusebussard
Buteo buteo

Stand- und Strichvogel, Kurzstreckenzieher.
Aussehen: Etwas größer als
Krähe. Leicht mit anderen Greifvögeln zu verwechseln, im Flug
ohne Größenvergleich sogar mit
dem Steinadler. Die Färbung
variiert sehr stark zwischen
dunkel- und hellbraun. Schwanz
im Alter mit schwarzer Endbinde, nicht im Jugendkleid.

Stimme/Verhalten: Ruf ein be-
zeichnendes Miauen: »piijäh«
(das beim ähnlichen **Wespen-
bussard** pfeifender klingt – und
vom Eichelhäher täuschend imi-
tiert wird). Hält oft auf Zaun-
pfosten und anderen erhöhten
Sitzwarten nach Beute Aus-
schau, gern an Straßen. Sucht
auch im Segelflug, manchmal
kurz rüttelnd, das Gelände ab.
Brütet in Bäumen. Beide Partner
bauen, oft schon lange vor
Legebeginn ab März. Meist

Fütterung

*In schneereichen Zeiten kann
man Bussarde durch Zufütterung mit Schlachtabfällen und
Eintagsküken vor dem Verhungern bewahren. Ein erhöhter
Futtertisch mit Rand in offener
Landschaft ist dazu erforderlich. Ansitzstangen in der nä-
heren Umgebung sind zu empfehlen. Näheres in der Einlei-
tung.*

2–3 kurzovale Eier mit violett-
grauer und bräunlicher Fleckung. Nach rund 35 Tagen
schlüpfen die Jungen, die 45
Tage im Nest gefüttert werden.
Nach dem Ausfliegen hält die
Familie noch 2–3 Monate zusammen.
Vorkommen: Brutvogel in nahezu ganz Europa, außer im
nördlichsten Skandinavien, in
Irland und Teilen Englands. Bei
uns neben dem Turmfalken der
häufigste Greifvogel. Braucht die
Abwechslung von Wald und Of-
fenland.
Nahrung: Fast ausschließlich
tagaktive Kleinsäuger der Wiesen
und Felder, vor allem Wühlmäu-
se, aber auch junge Kaninchen
und Junghasen. Dazu Aas und
gelegentlich Vögel, Frösche,
Regenwürmer und Großinsekten.

Turmfalke
Falco tinnunculus

In Nordeuropa Zugvogel, nach Süden und Westen zunehmend Teilzieher, Strich- und Standvogel.

Aussehen: Kleiner, oberseits rotbrauner Falke, mit langem gebänderten Schwanz. Das Männchen mit grauem, das Weibchen mit braunem Kopf.

Stimme/Verhalten: Besonders während der Balz häufig zu hörende Serien kurzer scharfer Töne: »ki-ki-ki-ki . . .«. Oft sieht man die Vögel mit schnellen Flügelschlägen (oder auch bewegungslos gegen den Wind) in der Luft stehen, was man als Rütteln bezeichnet. Gebrütet wird in übernommenen Krähennestern in Bäumen, vor allem aber auch in hohen Fels- und Mauernischen, ebenso in Feld-scheunen und speziellen Nistkästen. 4–6 Eier mit braunroter Fleckung werden im April oder Mai gelegt. Brut- und Nestlingsdauer betragen je etwa 30 Tage.

Vorkommen: Brutvogel in ganz Europa, in den Alpen bis über 2000 m. Als Jagdgebiet werden freie Flächen mit niedriger oder lückiger Vegetation aufgesucht.

Nahrung: Kleinsäuger, auch Kleinvögel bis Taubengröße, zudem Insekten und Regenwürmer.

⊙ Fütterung

Auch der Turmfalke leidet in schneereichen Wintern oft tagelang Hunger. Man kann ihm mit Fütterungen von der Art eines »Luderplatzes« (siehe Mäusebussard) das Leben erleichtern oder retten oder die Methode der Beuteanfütterung einsetzen (siehe Schleiereule).

Fasan
Phasianus colchicus

Standvogel.
Aussehen: Stattliche Hühnervögel mit langen spitzen Schwänzen (außer bei Jungvögeln und in der Mauser). Die Männchen mit leuchtend roten Gesichtslappen, die kleineren Weibchen schlicht braun.

Stimme/Verhalten: Warnruf beim Auffliegen eine Folge schriller, heiserer, 2-silbiger (auf der 1. Silbe betonter) Laute: »kruh-tuk, kruh-tuk . . .«. Balzgesang des Männchens ein lautes krächzendes »körr-ök«, das mit vernehmbarem Flügelschwirren einhergeht. Ein Hahn umgibt sich meist mit mehreren Hennen – und kümmert sich entsprechend wenig um die Brut. Das Weibchen wählt eine Bodenmulde in dichter Vegetation und legt ab Mai seine 7–14 gelblichen Eier mit schwarzer Zeichnung. Die Brut dauert 17–20 Tage. Die Jungen werden dann 4–7 Wochen geführt, können aber schon nach 14 Tagen fliegen.

Vorkommen: Diese in Mitteleuropa übliche und weitere Arten werden in weiten Teilen Europas von Jägern ausgesetzt. Offene Landschaften mit vielen Hecken und Feldgehölzen sind ihr Lebensraum.

Nahrung: Hauptsächlich pflanzlich. Die Jungen ernähren sich allerdings in den ersten Lebenswochen von kleinen Insekten, deren Larven sowie von Würmern.

⭕ Fütterung

Diese bereits vor 200 Jahren zu Jagdzwecken aus Asien eingeführten und vielfach gekreuzten Hühnervögel sind an unser Klima nur bedingt angepasst. In schneereichen Wintern erfahren sie große Verluste. Verantwortungsvolle Jäger füttern sie dann an überdachten Bodenschüttungen mit geschrotetem Mais, Weizen- und Haferkörnern sowie Hühnerfutter.

Ringeltaube
Columba palumbus

Teilzieher.

Aussehen: Eine graue, große Taube, ähnlich Straßentaube, aber ohne schwarze Flügelbinden. Im Flug charakteristisch ist ein quer zum Flügel verlaufendes weißes Feld, im Sitzen ist ein weißer Halsfleck typisch. Brust rosagrau.

Stimme/Verhalten: Zur Brutzeit hört man am Nest oft ein dumpf knurrendes »hu-hruu«; der Reviergesang ist eine rhythmische, 4-silbige, dumpf gurrende Strophe mit Betonung der 1. Silbe (»rúhgu, gugu«), die dann übergeht in 5-silbige Strophen mit Betonung der 2. Silbe »rugúhgu, gugu«). Zu den Zugzeiten versammeln sich Ringeltauben oft zu großen Schwärmen, in denen manchmal auch die viel selteneren **Hohltauben** zu finden sind. Im Brutrevier hört man häufig ein kräftiges Flügelklatschen beim Abflug. Ihre Nahrung suchen sie wie alle Tauben bevorzugt auf dem Boden. – Ringeltauben kehren früh (oft schon im Februar) aus ihren Winterquartieren zurück, sofern sie in wärmeren Landesteilen nicht ohnehin überwintern. Bereits im März/April beginnen sie mit dem Nestbau. Dafür werden Nadelbäume und gern auch alte Nestunterlagen gewählt; mitunter steht das flache, dünne Nest aus Zweigen aber auch niedrig in Büschen. Das Weibchen legt meist nur 2 reinweiße Eier, dies aber 2–3-mal im Jahr. Die Brut dauert 16–17 Tage, die Nestlingszeit der Jungen 28–29 Tage. Voll flugfähig sind die Jungen aber erst 1 Woche später.

Vorkommen: Häufiger Brutvogel in fast ganz Europa (Ausnahme Nordskandinavien). Als Nist- und Ruheplatz brauchen die Tauben Wälder oder Feldgehölze, zur Nahrungssuche Freiflächen mit kurzer Vegetation. Neuerdings wird auch in Parks und Gärten der Siedlungen gebrütet.

Nahrung: Nahezu reine Vegetarier: Getreide, Eicheln, Bucheckern, grüne Blätter, teilweise auch Beeren, kleinere Sämereien, Früchte, Blüten. Oft in Schwärmen am Boden.

⦿ Fütterung

Im Gegensatz zur Türkentaube ist die Ringeltaube ein Bewohner von Wäldern und Nutzer freier Landschaften, Wiesen und Felder. Selbst in Siedlungen brütende Ringeltauben kommen nur ganz selten in Gärten oder Parks mit größeren Rasenflächen. Darum füttert man sie am besten an Waldrändern oder in der Feldflur. Geschroteter Mais, Weizen-, Hafer- und andere Getreidekörner sowie handelsübliches Hühnerfutter werden gerne von mehr oder weniger offenen Bodenschütten aufgenommen.

Schleiereule
Tyto alba

Standvogel; Jungvögel streichen auch weiter umher.

Aussehen: Eine recht helle Eule, in südlichen Ländern unterseits fast weiß, in Mitteleuropa unterseits und an den Kopfseiten orangebraun. Oberseite grau mit Musterung.

Stimme/Verhalten: Vor allem vom Weibchen hört man manchmal einen wiederholten schnurrenden Ruf; der Warnruf ist ein schrilles, heiseres Quiet-

⭕ Fütterung

Wo Schleiereulen durch länger andauernde Schneedecken von ihrer Hauptnahrungsquelle abgeschnitten sind, kann man sie durch Anfütterung von Mäusen in Feldscheunen und ähnlichen Gebäuden oder Unterständen vor dem Verhungern retten. Besonders geeignet sind auch mit Brettern abgedeckte Stroh- oder Heuballen als Unterschlupf für Mäuse, in deren Nähe man Getreide(-abfälle), Mais und anderes für Feld- und Waldmäuse geeignetes Futter ausstreut. Vereinzelt werden wohl auch die für Mäusebussard und Turmfalke ausgelegten Eintagsküken und Fleischreste von den Eulen genommen.

schen. Der Gesang besteht aus mehrfach wiederholten, etwa 2 sec langen, ratternd-gurgelnden Lauten und schreienden »schriih«-Rufen. Die Jungen lassen kurze, keuchend-schnarchende Bettelrufe hören. Als Nistplatz wird eine geräumige dunkle Nische in Gebäuden oder Nistkästen mit freiem Anflug gesucht. Die 4-7 weißen Eier werden auf eine Schicht zerbissener Gewölle abgelegt und 30-34 Tage bebrütet, die Jungen 44 Tage im Nest gefüttert. Nur in mäusereichen Jahren kommen alle Jungen durch.

Vorkommen: Brutvogel von Polen an westwärts in ganz Mittel-, West- und Südeuropa. Gebiete mit längeren schneereichen Zeiten (> 40 Tage) werden nicht oder nur vorübergehend besiedelt. Offene, aber nicht ganz strukturarme Niederungsgebiete, Siedlungsränder, Einzelgehöfte und Feldscheunen sind der Ansiedlung dieser nützlichen Eulen dienlich.

Nahrung: Fast ausschließlich Kleinsäuger (Wühl- und Spitzmäuse, Maulwürfe), nur ausnahmsweise auch Vögel, Amphibien und Großinsekten.

Höckerschwan
Cygnus olor

Stand- und Strichvogel.

Aussehen: Wie ein Schwan aussieht, weiß jedes Kind: groß und weiß. Dass es in Europa 3 verschiedene weiße Schwanenarten gibt, wissen nur wenige – was freilich keine allzu schmerzliche Bildungslücke ist, da **Singschwäne** und **Zwergschwäne** in Mitteleuropa nur als seltene Wintergäste in Erscheinung treten und man selten so nah an sie herankommt wie an unsere halb zahmen Park- oder Höckerschwäne. Auch sie waren einst auf Nord- und Osteuropa beschränkte Wildschwäne, die aber dann an vielen Orten ausgesetzt wurden, wo sie sich als halbzahme Vögel vermehrten. Der erwachsene Höckerschwan ist immer an dem dunkelgrauen, federlosen Höcker über der Schnabelwurzel erkennbar. Schwieriger ist die Unterscheidung junger Schwäne, die beim Höckerschwan teils graubraun wie alle jungen Wildschwäne, teils weiß wie die Alten sind. Gegenüber Zwerg- und Singschwan ist aber immer die fast schwarze Schnabelwurzel ein recht gutes Erkennungsmerkmal.

Stimme/Verhalten: Höckerschwäne sind recht schweigsam, gelegentlich hört man schnarchende oder fauchende Geräusche oder ein möwenähnliches »gaoh«. Andere Lautäußerungen sind vom Höckerschwan nicht zu hören – im Gegensatz zu Zwerg- und Singschwan, die trompetende Rufe – vor allem im Flug – erschallen lassen. Mit 3-4 Jahren beginnen sich die Vögel fortzupflanzen. Sie bauen ein großes Bodennest in Wassernähe, in das 5-8 braungelbe Eier gelegt werden. Nach 35-40 Tagen schlüpfen die Jungen, die erst nach 4-5 Monaten flügge sind und noch bis in den Winter als Familie zusammenbleiben.

Vorkommen: In ganz Mitteleuropa sind Höckerschwäne auf großen und kleinen Seen und Teichen, auch auf langsam fließenden Flüssen anzutreffen. Ihr großes Bodennest legen sie in einem lockeren Schilfsaum an.

Nahrung: Mit ihrem langen Hals gründeln Schwäne nach Nahrung, die aus Wasserpflanzen besteht. Ab und zu sieht man auch Schwäne beim schwerfälligen Landgang auf Wiesen und im jungen Getreide, wo sie wie Gänse weiden.

 **Fütterung**

Mais- und Weizenkörner sowie trockenes Brot in nicht zu großen Stücken werden von den Schwänen gerne angenommen. Dieses Futter sollte aber immer nur Zusatzfutter in kleinen Mengen sein, da die Kost der Wasserpflanzen zweifellos die artgerechtere ist.

Kanadagans
Branta canadensis

Stand- und Strichvogel.

Aussehen: Diese große, schmucke Gans ist 3-farbig: Kopf, Hals und Schwanz sind schwarz bis auf einen großen weißen Wangenfleck, der gesamte Rumpf einschließlich Flügeln ist braun, Schwanzwurzel und Hinterbauch sind weiß, Schnabel und Füße dunkelgrau bis schwarz. Die an Kopf und Hals ähnlich gezeichnete **Weißwangen**- oder **Nonnengans** ist viel kleiner und im übrigen Gefieder grau-weiß, ohne Braun.

Stimme/Verhalten: Im Flug lassen die Vögel ein trompetendes »ah-honk« hören. Da es sich bei allen europäischen Kanadagänsen um ausgesetzte oder verwilderte Tiere handelt, sind sie allesamt fast so zutraulich wie Höckerschwäne. Im Alter von 3 Jahren beginnen Kanadagänse mit der Fortpflanzung und bilden dazu monogame Dauerehen. Das Nest wird vom Weibchen am Boden in Gewässernähe zusammengetragen. Das

Fütterung

Die ganzen Körner fast aller Getreidearten (einschließlich Mais), Brotreste und Salat sind eine geeignete Zukost. Davon profitieren auch die oft halb zahmen Graugänse, die in Süddeutschland auch überwintern. Auch aus Haltungen entflogene Streifengänse, Rostgänse u. a. Gänse kommen an Fütterungen.

Gelege besteht aus 5-6 gelblichweißen Eiern, aus denen nach 28-30 Tagen die Jungen schlüpfen. Sie sind nach 40-48 Tagen flügge, bleiben aber noch bis in den Winter mit den Eltern zusammen.

Vorkommen: Die aus Nordamerika stammende Gans breitet sich seit einigen Jahrzehnten auch in Europa aus, nachdem sie an vielen Stellen ausgesetzt wurde oder aus Gefangenschaft entkam. Besonders in England und Schweden gibt es heute schon große Bestände frei brütender Kanadagänse.

Nahrung: Ähnlich wie Graugänse bevorzugen Kanadagänse Landpflanzen als Hauptnahrung, sodass man sie häufig beim Weiden auf Wiesen und Äckern antrifft.

Stockente
Anas platyrhynchos

Stand- und Strichvogel.

Aussehen: Die Stammform unserer Hausenten ist im männlichen Prachtkleid ein sehr schmucker Vogel. Wie bei allen Enten ist der Unterschied zwischen schlicht gefärbten Weibchen und bunt herausgeputzten, mit anderen Enten nicht zu verwechselnden Männchen groß. Schwierig ist die Unterscheidung, wenn die Männchen zwischen Mai und September ihr weibchenfarbiges Schlichtkleid tragen.

Stimme/Verhalten: Eine sehr stimmfreudige Ente. Das Männchen ruft bei Beunruhigung leise und weich »rhäb« und lässt während der Balz ein pfeifendes »piu« hören. Die Weibchen rufen in abfallenden Serien laut quakend. Stockenten gewöhnen sich rasch an den Menschen, besonders wo sie gefüttert und nicht beschossen werden. Das hat sie zu einem echten Kulturfolger werden lassen, sodass sie selbst in Großstädten brüten. Als Gründelenten stecken Stockenten bei der Nahrungsaufnahme nur den Kopf ins Wasser. Die Brutzeit beginnt meist schon im März. Das Nest wird vom Weibchen am Boden in dichter Vegetation, gelegentlich aber auch in Gebäudenischen, großen Nistkästen usw. errichtet. Das Gelege besteht aus 7–11 gelblichbräunlichen bis olivgrünen Eiern. Die Jungen schlüpfen nach 27–28 Tagen und verlassen kurz darauf mit der Mutter das Nest.

Vorkommen: Da sie ihre Nahrung auch an Land suchen, sind sie weniger vom Wasser abhängig und nehmen mit kleinsten Pfützen und engen Gräben vorlieb.

Nahrung: Einen großen Teil des Jahres überwiegt pflanzliche Kost, die teils im oder am Wasser, teils auf fernab gelegenen Wiesen und Feldern gesucht wird. Im Frühsommer überwiegt die tierische Nahrung, die beim Durchseihen des Bodenschlamms seichter Gewässer anfällt.

◉ Fütterung

Alle Getreidearten im ganzen Korn sind für Stockenten ein gefundenes Fressen. Am liebsten nehmen sie die Körner von Mais und Weizen vom Gewässergrund auf. Eicheln (ganz oder gebrochen), gekochte Kartoffeln und Salat bereichern das Mahl.

Blesshuhn
Fulica atra

Stand- und Strichvogel, Wintergast aus dem Osten.

Aussehen: Blesshühner werden oft für Enten gehalten. Schon ein Blick auf Füße und Schnabel lehrt jedoch, dass sie weder mit den Enten noch mit den Hühnern verwandt sind. Die korrekte Bezeichnung wäre Blessralle, womit die nahe Verwandtschaft etwa zur Wasserralle deutlich wird. Typisch sind die Schwimmlappen an den Zehen, die sich deutlich von den Schwimmhäuten der Enten unterscheiden. Kann leicht mit dem etwas klei-

neren **Teichhuhn** verwechselt werden, das aber ein rotes Stirnschild besitzt.

Stimme/Verhalten: Die lauten Rufe der ruffreudigen Vögel sind meist 1-silbig: »köck« oder explosiv und sehr hoch »pix«. Blesshühner gelten als streitsüchtig. Das gilt aber nur für die Brutzeit, wenn die Paare ihre Reviere gegen Rivalen verteidigen. Im übrigen Jahr sind sie recht verträglich und halten in großen Trupps zusammen. Sie sind gute Taucher und holen unermüdlich Wasserpflanzen und Muscheln vom Gewässergrund herauf. Gerne gehen die Tiere auch truppweise zum Gra-

sen auf Wiesen und Äcker mit junger Saat. Das Nest wird in der Ufervegetation oder im seichten Wasser gebaut. Das Gelege besteht aus 5-10 hellgrauen bis gelblichen Eier mit vielen kleinen Punkten. Daraus schlüpfen nach 23-24 Tagen die Jungen, die im Gegensatz zu Entenküken 4-5 Wochen gefüttert werden.

Vorkommen: Brutvogel in fast ganz Europa (außer Nordskandinavien). Besiedelt werden große und kleinste Gewässer. Die geringe Scheu vor dem Menschen führt dazu, dass Blesshühner ihre Nester selbst auf Stegen und Booten bauen. Wo an Seeufern gefüttert wird, sind die schwarzen Rallen immer vorne dran.

Nahrung: Wasserpflanzen und kleine Wasser(boden)tiere der verschiedensten Art sind die Hauptnahrung; im Winterhalbjahr äsen die Rallen auch recht gern auf kurzrasigen Landflächen.

◉ Fütterung

Trockenes Brot in kleinen Stücken, Getreidekörner und Salat sind Leckerbissen für Blesshühner, die dafür jede Scheu verlieren und dem Fütternden bis vor die Füße laufen.

Lachmöwe

Larus ridibundus

Stand- und Strichvogel.

Aussehen: Möwenarten sind oft schwer zu unterscheiden. Die Lachmöwe ist nicht die einzige schwarzköpfige kleinere Möwe, man kann sie etwa mit **Zwergmöwe** und **Schwarzkopfmöwe** verwechseln, die allerdings viel seltener sind. Im Herbst und Winter fehlt ihnen das Schwarz am Kopf, was zu Verwechslungen mit der etwas größeren und an der Küste häufigen **Sturmmöwe** führen kann.

Stimme/Verhalten: Besonders zur Brutzeit sehr stimmfreudig. Ein schneidend abfallendes »krrrriähr« wird vielfach variiert und gereiht. Auch kurze Rufe wie »kik« oder »kikikik«. Sehr lebhafte und gesellige Vögel, die einem mit ihrem Geschrei auf die Nerven gehen können,

damit aber ihre Brutkolonien wirksam vor Feinden schützen, was sich auch brütende Taucher und Enten zunutze machen. Das Nest wird meist auf Bulten oder geknicktem Altschilf errichtet und enthält meist 3 braune oder olivgrüne Eier mit vielen Flecken. Die Jungen schlüpfen nach 22-23 Tagen, werden im Nest gefüttert und bleiben als Platzhocker bis zum Flüggewerden (nach 26-28 Tagen) im Nest oder nahe dabei.

Vorkommen: Verbreitungsschwerpunkt ist Ost- und Südeuropa, die Lachmöwe überwintert aber und brütet auch vielerorts im Mittel- und Westeuropa, gewöhnlich in großen Kolonien im Schilf naher Gewässer.

Nahrung: Diese Allesfresser suchen ihre Nahrung überall, auf Gewässern, auf Äckern und Wiesen, auf Müllkippen und sogar in der Luft. Tierische Nahrung überwiegt, besonders im Sommerhalbjahr.

⃝ Fütterung

Es macht Kindern viel Spaß, den fluggewandten Möwen von einem Steg oder Dampfer aus Brotbrocken zuzuwerfen. Eine eigentliche Winterfütterung ist bei diesen vielseitigen und wanderfähigen Tieren nicht erforderlich.

Anhang

Wichtigste Futtersorten für die einzelnen Arten

Art	fetthaltige Samen und Nüsse	feine Sämereien	Tierfette (Schwarte, Talg usw.)	Trocken-fleisch, Mehlwürmer	Trocken-beeren, Obst usw.	Getreide, Brot
Tauben	○	○				●
Spechte	●		●	○	○	
Bachstelze				●		
Seidenschwanz					●	
Zaunkönig		○	○	●		
Rotkehlchen		○	○	●	○	
Hausrotschwanz				●		
Drosseln (Amsel)	●	○		●	●	
Mönchsgrasmücke				●	●	
Meisen	●	●	●	●		
Kleiber	●	○	●			
Baumläufer			●	○		
Star				●	○	
Sperlinge	●	●	●			○
Finken	●	●	○			○
Kernbeißer	●	○				
Zeisige	○	●				
Grünfink	●	●	●			
Stieglitz		●				
Gimpel	●	●			○	
Hänfling		●				
Ammern	●	●				
Schwäne						●
Gänse						●
Enten						●
Blesshuhn						●
Möwen				○		●

● = Hauptnahrung   ○ = Nebennahrung

Literatur

Berthold, P. und Mohr, G.: Vögel füttern – aber richtig, Franckh-Kosmos, Stuttgart 2006

Bezzel E.: Vögel in der Kulturlandschaft, Ulmer, Stuttgart 1982

Egidius H.: Vögel im Garten, Ulmer, Stuttgart 2004

Gabler, E.: Nistkästen und Futterhäuschen, BLV, München 2005

Keil, W.: Artgerechte Vogelfütterung im Winter, Falken, Niederhausen 1989

Lohmann M.: Vögel am Futterhaus, BLV, München 2005

Singer, D.: Vogeltreffpunkt Futterhaus, Franckh-Kosmos, Stuttgart 2007

Bezugsquellen

Claus GmbH (Volieren- und Gartenvogelfutter)
Friedensau 11
67117 Limburgerhof
Tel.: 06236-61036
www.claus-futter.de

Donath Wintervogelfutter
Bahnhofstr. 23
88250 Weingarten
Tel.: 0751-43060
www.wintervogelfutter.de

Hammarplast (Futtersilos, »Birdfeeders«)
Box 6
SE-36221 Tingsryd
Tel.: 0046-477-45000
www.hammarplastgruppen.com

Peter Kölln KGaA (peka-Futter)
Westerstr. 22-24
D-25336 Elmshorn
Tel.: 04121-648-136
www.@koelln.de

Schwegler Naturschutzprodukte GmbH
Heinkelstr. 35
D-73614 Schorndorf
Tel.: 07181-977450
www.schwegler-natur.de

Fa. Vivara Naturschutzprodukte
Postfach 2520
D-41312 Nettetal-Kaldenkirchen
Tel.: 0180-3848272
e-mail: info@vivara.de
www.vivara.de

Stichwortverzeichnis

Abfälle   11
Absperrgitter   28, 35
Ambrosie   24
Amsel   46, 57
Aufzucht   8

Bachstelze   52
Beeren   27
Bergfink   7, 73
Biosphäre   11
Biotoppflege   18
Birkenzeisig   18, 78
Blaumeise   65

Blesshuhn   90
Bluthänfling   77
Bodenfütterung   43
Bodenschütte   32, 33
Buchfink   48, 72
Buntspecht   51
Bussard   82

Distelfink   75
Domestikationseffekte   16
Dompfaff s. Gimpel
Drossel   58, 59

Egoismus   12
Erdnüsse   23, 42
Erlenzeisig   76

Ernussbruch   24
Eulen   31

Familienleben   20
Fasan   32, 84
Feinddruck   35
Feldsperling   71
Fensterscheibe   36
Fernglas   8, 9
Fett   23, 25, 27
Fink s. Buchfink
Futterglocke   26
Füttern von Wildtieren   9
Futtersäule   21, 42
Futtersilo   38, 39, 40, 41
Futtertisch   31

Fütterungsverbot   29

ganzjährige Fütterung   14, 15, 22
ganzjähriges Futterangebot   20
Gartenbaumläufer   68
Gefiederwechsel   20
Gefühle   12
Gesang   8
Gimpel   79
Goldammer   81
Graugans   10
Greifvögel   31
Grünfink   9, 21, 74

Hanfsaat   23
Haubenmeise   63
Hausrotschwanz   56
Haussperling   20, 70
Höckerschwan   87
Holzfutterhäuschen   39

Infektionen   16

Käfighaltung   8
Kanadagans   88
Kernbeißer   5, 80
Kleiber   25, 67
Kleinsämereien   22
Kohlmeise   26, 66
Körner   22
Körnerfresser   19
Körnermischung   23
Krankheit   16
Krankheitsübertragung   35
Kulturfolger   10, 15, 16
Kurzstreckenzieher   49

Lachmöwe   91
Landesbund für Vogelschutz   17
Langstreckenzieher   49
Lebensgemeinschaft   18
Lebensraum   13
Lebensraumverlust   15

Mäusebussard   82
Mauser   22
Meise   61-66
Meisenknödel   25, 42
Mönchsgrasmücke   19, 60
Möwe   30, 91

NABU   17, 18
Nahrungsansprüche im Laufe des Jahres   19
Nahrungskonkurrenz   16
Nahrungsmangel   15
Naturbeobachtung   7
Naturgarten   14, 47
Naturschutzverbände   17

Pflegemaßnahmen   15

Reinigung der Futtergeräte   36
Ringeltaube   85
Rosinen   23
Rote-Liste-Arten   18
Rotkehlchen   55
Rotschwänzchen   56

Salmonellen   36
Sandbad   45
Schleiereule   86
Schwan   87
Schwanzmeise   61
Schwarzdrossel s. Amsel
Seidenschwanz   53
Selektionsfaktor   16
seltene Arten   18
Siedlingsdichte   13
Singdrossel   59
Sonnenblume   25
Sonnenblumenkerne   22, 23
Spatz   70, 71
Specht   51
Spechtmeise s. Kleiber
Sperber   34
Standvogel   48
Star   15, 49, 69

Stauden   45
Stieglitz   46, 75
Stockente   89
Sträucher   45
Streuschicht   45
Strichvogel   48
Sumpfmeise   62

Tannenmeise   64
Taube   50, 85
Teilzieher   48
Türkentaube   50
Turmfalke   83

Verantwortung   13
Verhalten   8
Verstecke   46
Vögel der Feldfluren   30, 82-86
Vogelgrippe   36
Vogelschutz   13
Vogeltränke   44

Wacholderdrossel   27, 58
Wasservögel   16, 17, 29, 30, 87-90
Weichfutter   26, 43
Weichfutterfresser   19, 23
Weichfuttermischungen   28
Wildnis   13

Zaunkönig   27, 54

Bildnachweis

Danegger: 2/3, 5, 21o, 27o, 30,
  44, 52, 58, 66, 75, 87, 88
Gabler: 31, 32u
Hofmann: 9r, 10, 32o, 84u, 89
Limbrunner: 26, 27u, 51, 56, 57,
  61, 62, 69, 80, 83o, 83u
Naturbilderteam Müller: 82
Pforr: 9l, 14, 15, 17, 36, 37, 46o,
  47, 48, 55, 71, 84o
Schmidt: 1, 6, 25, 49, 63, 70,
  73, 78, 79, 81, 91u
Schwegler: 41u
Synatzschke: 34
Vivara: 21u, 22, 23, 24l, 24r, 28,
  35, 41o
Willner: 59
Wothe: 11, 12, 18, 20, 42, 46u,
  53, 60, 76, 85, 91o
Zeininger: 19, 50, 54, 64, 65,
  67, 68, 72, 74, 77, 86, 90

Grafiken:
Computergrafik Jörg Mair

Bibliographische Information der
Deutschen Bibliothek

Die Deutsche Bibliothek verzeich-
net diese Publikation in der Deutschen Nationalbibliographie; de-
taillierte bibliographische Daten
sind im Internet über
http://dnb.ddb.de abrufbar.

BLV Buchverlag
GmbH & Co. KG
80797 München

© 2007 BLV Buchverlag
GmbH & Co. KG, München

Umschlaggestaltung:
Anja Masuch, Fürstenfeldbruck

Umschlagfotos: Pforr (Vordersei-
te), Schmidt (Rückseite rechts),
Wothe (Rückseite links)

Lektorat: Dr. Friedrich Kögel,
Dr. Eva Dempewolf
Herstellung: Hermann Maxant

Layoutkonzept Innenteil:
fuchs_design, Ottobrunn

Satz: Satz + Layout Peter Fruth
GmbH, München

Gedruckt auf chlorfrei gebleich-
tem Papier

Printed in Germay
ISBN 978-3-8354-0221-8

Eine kleine Auswahl aus unserem Programm

**Der Tier- und Pflanzenführer
für unterwegs**
Das kompakte Bestimmungsbuch mit
900 Tier- und Pflanzenarten und 1350
Farbfotos – ideal für unterwegs; mit bis
zu 5 Fotos pro Art und Sonderteilen, die
das Bestimmen zusätzlich erleichtern.
ISBN 978-3-8354-0019-1

Michael Lohmann
Der BLV Tierführer für unterwegs
Details erkennen – sicher bestimmen:
Säugetiere, Vögel, Reptilien, Amphibien,
Insekten und andere in naturgetreuen
Zeichnungen; Kennzeichen, Vorkommen,
Lebensweise und interessante Fakten.
ISBN 978-3-8354-0054-2

Einhard Bezzel
Vögel im Jahreslauf
Ausführliche Informationen, welche Vögel
Monat für Monat in Garten und Park, im
Wald, auf Wiesen, auf Feldern und am
Wasser zu beobachten sind; Besonder-
heiten der jeweiligen Jahreszeit, Beobach-
tungssituationen, besondere Arten, u.v.m.
ISBN 978-3-8354-0186-0

Henry Bellosa/Lutz Dirksen/Mark Auliya
Faszination Riesenschlangen
Das ultimative Riesenschlangen-Buch mit
sensationellen Fotos: spektakuläre Storys
über Rekordschlangen und ihre Übergriffe
auf Menschen, über Exepeditionen und
Entdeckungen; bedrohte Arten, Haltung
in der Wohnung und vieles mehr.
ISBN 978-3-8354-0282-9

Mario Ludwig
Welcher Bär frisst Zyankali?
Fit fürs Naturquiz: 444 x Rätselspaß in
Fragen und Antworten zu kuriosen und
interessanten Details aus der Tier- und
Pflanzenwelt; Rekorde und Superlative,
amüsante Fakten und witzige Storys –
illustriert mit heiteren Zeichnungen von
Jan Gulbransson.
ISBN 978-3-8354-0222-5

Rémy Wenger (Hrsg.)
Höhlen – Welt ohne Licht
Geheimnisvolle Orte des Schweigens,
eine Wunderwelt unter Tage: die Faszination und der Zauber von Höhlen in
spektakulären Fotos; Entstehung, Höh-
lenformen, Tierleben, Forschung und
die bedeutendsten Höhlen der Welt.
ISBN 978-3-8354-0298-0